※地図上のテキスト:

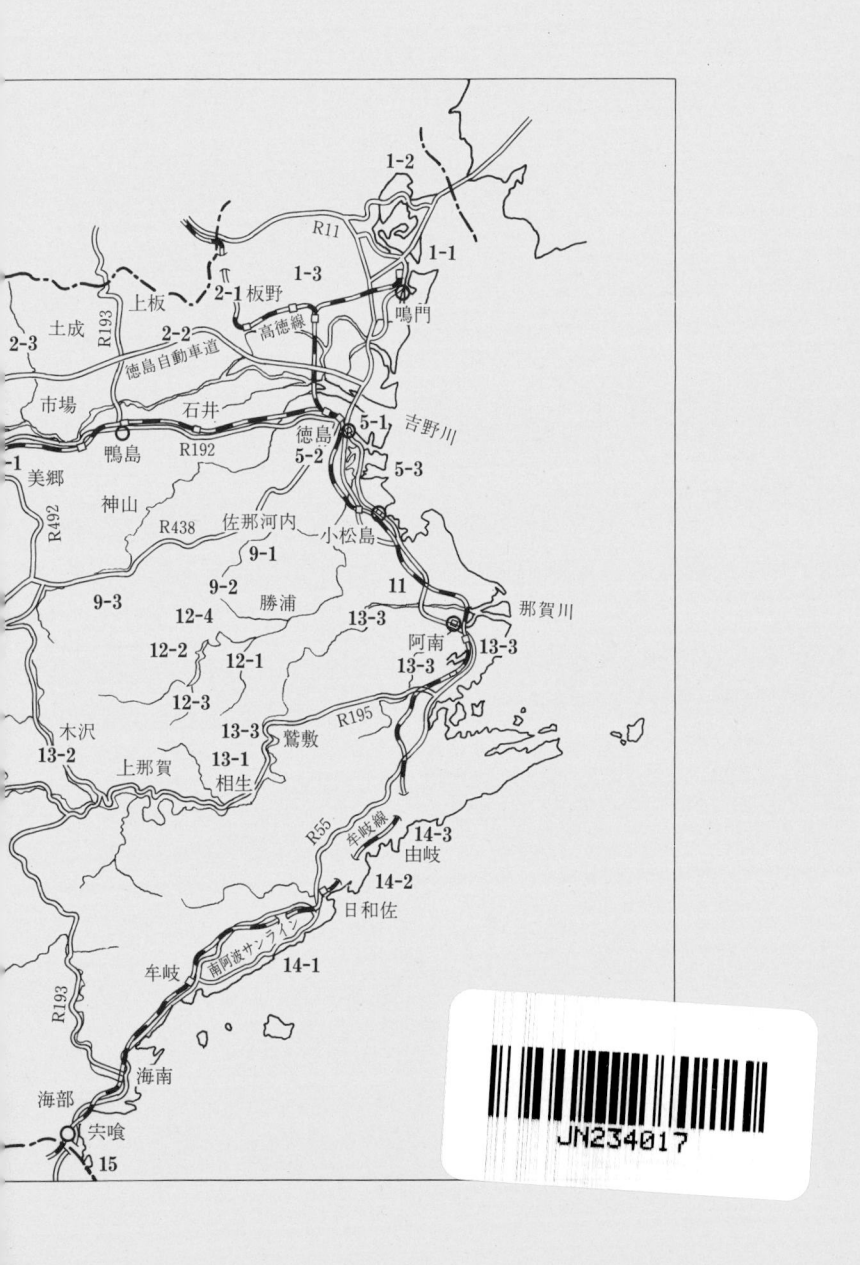

R11
1-2
1-1
1-3
上板　2-1 板野
土成　　　　　高徳線　鳴門
2-3　　2-2
R193　徳島自動車道
市場　石井
　　鴨島　R192　徳島　5-1 吉野川
美郷　　　　　　　5-2
R492　神山　　　　　　5-3
　　　R438 佐那河内　小松島
　　　　　9-1
　　　　9-2　　　　11
9-3　　　勝浦
　　12-4　　　　13-3　　那賀川
　12-2　12-1　阿南　13-3
　　　12-3　　13-3
木沢　　　　　R195
13-2　　13-3 鷲敷
　上那賀　13-1
　　　　相生
　　　　　　R55　牟岐線
　　　　　　　　　　14-3
　　　　　　　　　由岐
　　　　　　　　14-2
　　　　　　日和佐
　　　牟岐　南阿波サンライン
　　　　　　14-1
R193
海部　海南
　宍喰
　　15

地学のガイドシリーズ 25

徳 島 県

地学のガイド
—— 徳島県の地質とそのおいたち ——

徳島文理大学教授 理博 奥 村　　清 監修
徳島県地学のガイド編集委員会　編

コロナ社

ま え が き

　徳島県は，大歩危峡をはじめ風光明媚で知られた観光地が数多くあります。変化に富んだ地形は，地下で複雑に分布する地層を反映したものです。

　徳島県には，古生代から新生代までの地層や断層が複雑に分布しています。これらの地層や断層の中には，中央構造線や三波川結晶片岩をはじめ，全国的によく知られたものも少なくありません。しかし，残念ながら，一般にはそれらがどういうものかあまり知られていません。執筆者らが教育現場で接する子どもたちの多くも，地域の自然とは，かけ離れた生活をしているのが現状です。

　2002年度からは，学校週5日制のもと，新教育課程に基づく教育が実施されます。小学校・中学校・高等学校に新しく導入される「総合的な学習の時間」では，「生きる力」につながる学習が強調されています。

　1997年の阪神淡路大震災で私たちは，自分たちの住んでいる大地のしくみを知ることがいかに大切かを学んだはずです。この大地のしくみを知ることはまさしく，「生きる力」につながるものです。

　本書は，実際に地層や岩石の露頭の観察に行ったとき，どのようなポイントで学習したらよいか，わかりやすく解説しています。多くの方々が本書を持ち，地域の自然の中に出かけられ，岩石や化石から，何億年にわたる大地の物語を聞き取っていただければ幸いです。なお，本書を利用する際は，事前に現地情報をご確認下さい。

　本書をまとめるにあたり，原稿や図表を適切に処理してくださったコロナ社の方々に厚くお礼申し上げます。

2001年5月

監修者　奥　村　　　清
執筆者代表　橋　本　寿　夫

「徳島県地学のガイド」関係者一覧

監修者　　奥村　清　徳島文理大学
編　者　　徳島県地学のガイド編集委員会

執筆者（五十音順：所属は 2001 年 4 月現在）
代表　橋本　寿夫　　板野郡藍住町立藍住東中学校
　　　　奥村　　清　　徳島文理大学
　　　　小澤　大成　　鳴門教育大学
　　　　河野　通之　　美馬郡脇町立脇町小学校
　　　　神原　　弘　　徳島県教育研修センター
　　　　福井　　健　　板野郡上板町立東光小学校
　　　　福島　浩三　　那賀郡那賀川町立今津小学校
　　　　松田　順子　　鳴門市立鳴門西小学校
　　　　元山　茂樹　　徳島県立あすたむらんど
　　　　森江　孝志　　徳島県埋蔵文化財センター
　　　　森永　　宏　　麻植郡鴨島町立飯尾敷地小学校
　　　　森本　誠司　　三好郡池田町立白地小学校

も　く　じ

Ｉ．野外観察にあたって

1. 徳島県の地質の概要 ………1
   - 1-1 地形概観………………1
   - 1-2 地質の概略…………2
   - 1-3 地質時代と化石………4
2. 野外調査に出かける前に…10

Ⅱ．徳島県の地質めぐり

1. 鳴門周辺コース……………20
   - 1-1 岡崎・網干…………21
   - 1-2 島田島………………25
   - 1-3 大谷・板東コース……28
2. 阿讃ミュージアムコース…33
   - 2-1 板　野………………33
   - 2-2 上　板………………37
   - 2-3 土　成………………41
3. 土柱・うだつコース………46
   - 3-1 大久保谷……………46
   - 3-2 土　柱………………48
   - 3-3 馬　木………………50
4. 池田コース…………………53
   - 4-1 鎧　嶽………………53
   - 4-2 荒川断層……………55
   - 4-3 運動公園……………57
   - 4-4 中央構造線露頭……59
5. 徳島市コース………………62
   - 5-1 城　山………………63
   - 5-2 眉　山………………64
   - 5-3 大神子・小神子………67
6. 高越山コース………………69
   - 6-1 ふいご温泉…………69
   - 6-2 こうつの里…………73
7. 大歩危コース………………78
8. 祖谷―阿波の秘境コース…85
   - 8-1 祖谷温泉……………85
   - 8-2 かずら橋……………89
9. 佐那河内・神山コース……94
   - 9-1 嵯峨峡………………95
   - 9-2 大川原高原と「いきもの愛ランド」………102
   - 9-3 次郎鉱山跡と「雨乞の滝」………107
10. 剣山コース…………………115
    - 10-1 中尾山高原周辺の御荷鉾緑色岩類………116
    - 10-2 土釜の甌穴と鳴滝 …122
    - 10-3 剣山（見の越から山頂）………125
11. 羽ノ浦山コース……………129
12. 勝浦川盆地コース…………133
    - 12-1 立川谷………………134
    - 12-2 正木ダム……………138
    - 12-3 月ヶ谷………………142
    - 12-4 慈眼寺………………146
13. 那賀川コース………………151

- 13-1 相生町の地層（紅葉川〜西納）……………150
- 13-2 坂州・平谷…………155
- 13-3 その他の那賀川沿いの見学地について………158
- 14. 日和佐・由岐コース……164
  - 14-1 サンライン…………164
  - 14-2 日和佐……………169
  - 14-3 由岐……………172
- 15. 穴喰・竹が島コース……177

III. 徳島県地質のおいたち

1. 吉野川以北………………181
   - 1-1 7000万年前(白亜紀の終わりごろ)の徳島……181
   - 1-2 和泉層群の堆積………182
   - 1-3 和泉層群の年代………186
   - 1-4 地史の空白時代………188
   - 1-5 阿讃山脈南麓の地形と地質………………188
   - 1-6 厚い徳島平野地下の砂礫層…………………190
   - 1-7 第四紀—氷期の訪れ…191
   - 1-8 まとめ………………193
2. 吉野川以南………………194
   - 2-1 付加体の基本的な概念………194
   - 2-2 海洋プレートの一生…195
   - 2-3 付加体の形成…………197
   - 2-4 付加体から得られる年代………197
   - 2-5 徳島県の吉野川以南地域で見られる地質帯の構成岩類の特徴と形成年代………198
3. 用語の説明………………202

I. 野外観察にあたって

1. 徳島県の地質の概要

1-1 地形概観

　徳島県は，四国の東部に位置し，香川県との境は阿讃山脈に，愛媛県・高知県との境は四国山地にあります。近畿とは紀伊水道・播磨灘で境されます。北と西・南は山地に囲まれ平地部は海に面しています。総面積約4 144 km²のうち8割以上を山地が占めております。平地は海岸沿いと吉野川沿いに限られ，そこに人口が集中しています。地形的に大きく見ると東に口を開けているため昔から四国の他県より近畿地方と経済的に結びつきが強かったようです。よく見ると吉野川，那賀川などの河川をはじめ，阿讃山脈，四国山地などの山地は東西方向に並んでいます。川や山などの地形は地下の地質構造を反映して形づくられます。

　徳島県の地質は東西に通る中央構造線，御荷鉾構造線，仏像構造線という3本の大断層によって分けられています。断層があるところでは岩石が破砕されており風雨によってまわりより侵食されやすく，窪地や谷や川になります。水によって土砂が運ばれ堆積すると平地になります。吉野川は西南日本最大の断層である中央構造線に沿って流れ，上流から多量の土砂を運び吉野川平野をつくりました。祖谷，木屋平，神山，佐那河内，小松島北には小盆地や低地が並びます。これは，この付近に御荷鉾構造線が通っているためです。また，那賀川に沿った地域にも小盆地や低地が連なっています。ここには仏像構造線が通っています。構造線と構造線の間は侵食から免れて，高い山地として残ります。徳島の川や山地・平野が東西に並んだわけは，徳島をつくる地下の地質によるものです。

　では，なぜ吉野川や那賀川は西から東へ流れ，阿讃山脈も四国山地も西ほど高くなっているのでしょうか。これは第四紀に入ってから続いている四国の中央部の隆起運動のためです（図I-1）。山地が水により侵食され運搬されると山はしだいに低くなるはずですが，土地が隆起するためなくなることはないの

2   I．野外観察にあたって

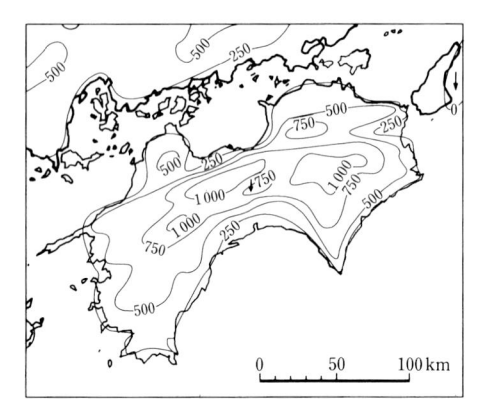

図 I-1　四国の第四紀地殻変動図
（国立防災科学技術センター（1973）による）

です。川は下流へ土砂を運び堆積します。堆積すると海はしだいに埋め立てられてしまうはずです。しかし，すべて埋め立てられないのは下流部が沈降しているためです。**図 I-2** は吉野川北岸の段丘の高度の変化を表していますが，段丘の高度は東ほど低くなり，市場以東では吉野川平野の下に没します。東の吉野川河口に近くなるほど土地が沈降していることを表しています。

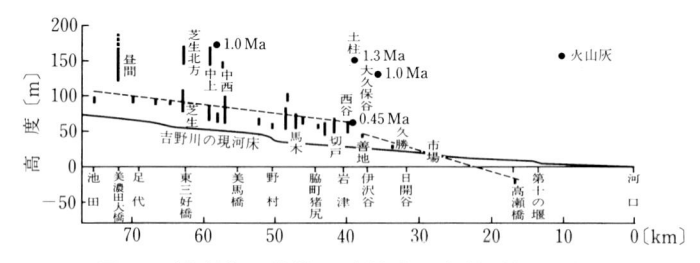

図 I-2　吉野川中〜下流域の河床断面図と本流性礫層の分布図
（奥村，ほか，1998に加筆）

1-2　地質の概略

徳島県の地層は，岩石の種類や地層の時代により四つの大きな地層のグルー

プ（帯）に分けられています（見返しの徳島の地質図参照）。これらの地層のグループは北から順に，和泉帯，三波川帯，秩父帯，四万十帯と名づけられています。阿讃山脈には，和泉帯の砂岩や泥岩や礫岩からできた地層が分布しています。和泉帯からはアンモナイトや二枚貝などの化石が見つかります。これらの化石から和泉帯の地層は白亜紀後期の海で堆積してできたと考えられています。

　和泉帯の南には，三波川帯が分布しています。和泉帯と三波川帯は西日本最大の中央構造線によって分けられています。大きな地質区分では，和泉帯は内帯に，三波川帯・秩父帯・四万十帯は外帯に分けられます。三波川帯には，変成岩の結晶片岩がおもに見られます。三波川帯の岩石は，もともとは海底に堆積した砂・泥・礫・火山灰・石灰岩などの地層が地下深いところで高い圧力を受け，もとの岩石とは性質の違う岩石になっています。圧力や熱など受け性質の変化した岩石を変成岩といっています。三波川帯に分布する変成岩は地下深い所で高い圧力を受けたもので三波川結晶片岩といいます。

　三波川結晶片岩が堆積した時代は，コノドント（古い魚類の歯の化石）に基づいて中生代の三畳紀とされています。変成岩になったのは白亜紀後期です。三波川帯の南には，おもに火山活動による海底火山の噴出物の岩石などからなる御荷鉾緑色岩類が分布しています。御荷鉾緑色岩類の南には秩父帯が分布しています。秩父帯には礫岩・砂岩・泥岩・石灰岩やチャートなどの堆積岩のほか，いろいろな火成岩・変成岩も分布しています。

　秩父帯は，北から北帯・中帯・南帯の三つに分けられています。秩父帯の名前は，埼玉県の秩父盆地に分布している古生代の石灰岩を含む地層に対して命名されたことに由来しています。命名当時，秩父帯は古生代にできた地層と考えられ「秩父古生層」とよばれていました。最近では，「秩父古生層」の年代は，中生代と考えられています。それは，秩父古生層各地の石灰岩の周囲の泥岩から，中生代ジュラ紀の放散虫化石が発見されたことから明らかになりました。秩父帯中帯には日本でも古い岩石をレンズ状に挟む黒瀬川構造帯が分布しています。

　徳島県の黒瀬川構造帯には，三滝花こう岩類やシルル紀の石灰岩が見られます。シルル紀の石灰岩の中からは，まれにサンゴや三葉虫が採集されています。秩父帯には，ジュラ紀などの地層の上にそれより新しい時代の白亜紀の地

層が分布しています。特に北帯では，勝浦川盆地を中心に立川，羽ノ浦，傍示，藤川層が分布しており，化石を多く産することで知られています。秩父帯と四万十帯は，仏像構造線により分けられています。四万十帯には，礫岩・砂岩・泥岩・凝灰岩・チャートなどの堆積岩が分布しています。地層の岩石の特徴から四万十帯は，安芸構造線により北帯と南帯に分けられてきました。しかし，四万十帯からアンモナイトや二枚貝などの大型化石はほとんど産しないため，詳しい地層の時代が長い間不明になっていました。しかし，1980年代になり，チャートや凝灰岩などから多数の放散虫が発見され，放散虫により地層の年代が詳しく研究されました。その結果，四万十帯の時代は，北帯が白亜紀，南帯が新生代第三紀と，南側ほど若くなることが明らかになりました。四万十帯のでき方については，プレートテクトニクスによる付加体モデルをあてはめた研究が進められました。

1-3 地質時代と化石

歴史時代は，人々が過去に残した資料から平安時代や室町時代などに分けられていますが，地球の歴史は地質時代といいます。地質時代は，地層から産出する化石に基づいて分けられています（**表 I-1**）。

地質時代を決める化石を示準化石といい，それに対し堆積した環境を推定する手助けになる化石を示相化石といっています。地質時代は，先カンブリア紀，古生代，中生代，新生代の四つに分けられています。先カンブリア紀は始生代，原生代に，古生代はカンブリア紀，オルドビス紀，シルル紀，デボン紀，石炭紀，ペルム紀と細かく分けられています。カンブリア紀とオルドビス紀は無脊椎動物や藻類などの時代です。シルル紀には脊椎動物が，デボン紀に魚類が繁栄し，石炭紀にはシダが陸上で栄えました。また，石炭紀には両生類が陸上へ上がり，つぎのペルム紀では，は虫類が出現しました。徳島で採集できる最古の化石は，シルル紀のサンゴや三葉虫の化石です。石炭紀やペルム紀の化石は，フズリナが那賀川沿いの石灰岩から見つかります（**図 1-3**）。

中生代は，アンモナイトと恐竜が栄えた時代です。三畳紀，ジュラ紀，白亜紀に分けられています。三畳紀の化石としては，二枚貝のダオネラやモノチスなどのほか，腕足貝のスピリファなどが知られています。徳島では三畳紀，ジュラ紀の化石は那賀川沿いの地層から見つかっています。白亜紀前期の化石は

表 I-1 地質時代と生物の歴史

地質時代			(地質年代) 百万年	生物界の特徴 各時代のできごと	徳島産のおもな化石
新生代	第四紀	完新世（沖積世）		人類の発展	二枚貝，巻き貝など
		更新世（洪積世）	0.01	氷河時代 人類の出現 ゾウ・ウマの発展	ナウマンゾウ・シカ シフゾウ メタセコイア
	第三紀	鮮新世	1.64		
		中新世	5.2	被子植物の繁栄	
		漸新世	23.3	カヘイセキの繁栄	二枚貝，放散虫
		始新世	35.4	ほ乳類の発展	
		暁新世	56.5		
中生代	白亜紀		65.0	大量生物絶滅 恐竜類の繁栄	プラビトセラス・ディディモセラス イノセラムス・コダイアマモ トリゴニア・イグアノドン ハヤミナ・クラドフレビス・ニルソニア アウラノセラス・シダリス・腕足貝 サンゴ モノチス・ハロビア・ダオネラ コノドント，放散虫
	ジュラ紀		145.6	鳥類出現・始祖鳥出現 裸子植物繁栄・被子植物 出現・アンモナイト繁栄 ほ乳類出現・大型は虫類	
	三畳紀		208.0		
古生代	二畳紀（ペルム紀）		245.0	大量生物絶滅 両生類繁栄	コノドント，放散虫 ヤベイナ・ネオシュワゲリア シュドシュワゲリナ
			290.0		

表 I-1（続き）

古生代	石炭紀		は虫類出現・昆虫類出現 裸子植物出現・シダ植物繁栄	フズリナ・フズニネラ コノドント
		362.5		
	デボン紀		両生類出現・魚類繁栄 陸生動物出現 シダ植物出現	
		408.5		
	シルル紀		生物上陸 オゾン層誕生	ハチノスサンゴ・クサリサンゴ・三葉虫
		439.0		
	オルドビス紀		魚類出現・フデイシ出現	
		510.0		
	カンブリア紀		オーム貝類出現 三葉虫出現	
		570		
先カンブリア時代 約	原生代		無脊椎動物の出現 酸素の増加と真核生物誕生（約 21 億年前） 光合成開始と酸素の発生（約 27 億年前）	
		2450		
	始生代		最古原核生物化石　（約 35 億年前） 生命誕生（約 40 億年前） 地球誕生（約 46 億年前）	
		4560		

（地質年代は Harland, W.B. et al.(1989) を参考）

1. 徳島県の地質の概要   7

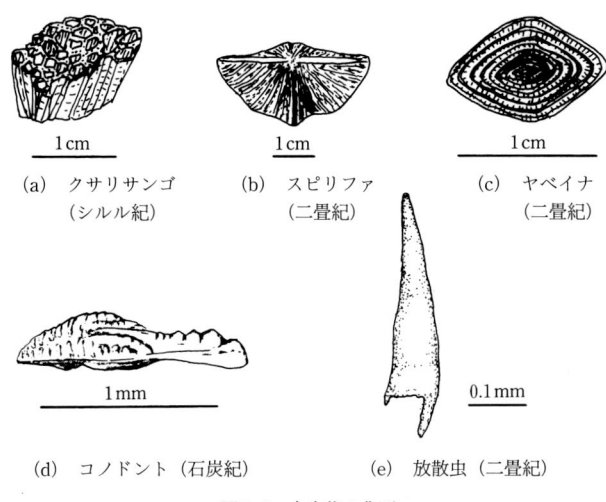

(a) クサリサンゴ（シルル紀）
(b) スピリファ（二畳紀）
(c) ヤベイナ（二畳紀）
(d) コノドント（石炭紀）
(e) 放散虫（二畳紀）

図 I-3　古生代の化石

羽ノ浦山や勝浦川盆地からよく見つかります。最近では，恐竜の歯の化石も発見されています。阿讃山脈からは，白亜紀後期のアンモナイトやイノセラムスのほか，海にすんでいた，は虫類の化石なども採集されています（**図 I-4**）。

　新生代は第三紀と第四紀に分けられます。第三紀は暁新世，始新世，漸新世，中新世と鮮新世に，第四紀は更新世（洪積世）と完新世に分けられています。徳島で第三紀の鮮新世の地層は土柱や森山にあります。第四紀の地層は段丘や平野の下に見られます。四紀は人類の発展と氷河時代で特徴づけられています。氷河時代には気温が低下し，海の水は氷や雪の形で大陸に残ります。そのため海の水が減り海面が低下します。大きな氷河期には日本と中国大陸とは陸続きとなり，われわれの先祖はナウマンゾウなどの動物を追って移動してきました。瀬戸内海の海底からナウマンゾウやシカの化石が時折引き上げられます。これらの化石は瀬戸内海が当時海でなく，陸続きになっていた証拠です。一方，平野部で建物の基礎工事をすると地下から海の貝化石がたくさん出ることがあります。これらは，今から約6000年前（縄文時代前期）入り江や浅い海に生息していた貝の化石です。この時期は，氷河時代とは逆に海面が現

8　Ⅰ．野外観察にあたって

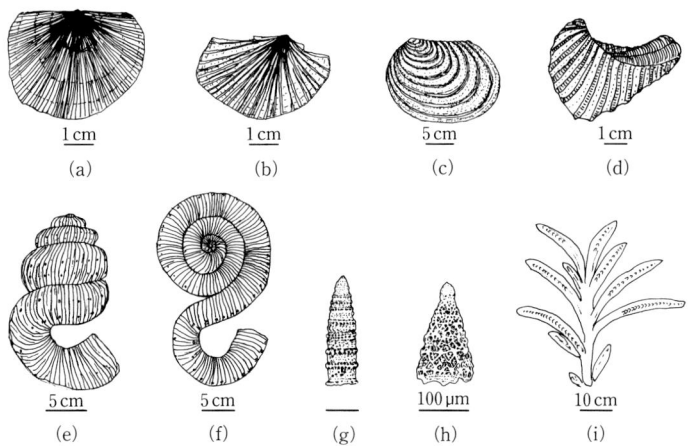

(a)：ダオネラ(三畳紀)　(b)：モノチス(三畳紀)　(c)：イノセラムス(白亜紀)
(d)：トリゴニア(白亜紀)　(e)：ディディモセラス(白亜紀)　(f)：プラビトセラス(白亜紀)　(g)：放散虫(三畳紀)　(h)：放散虫(白亜紀)　(i)：コダイアマモ(白亜紀)

図 I-4 中生代の化石

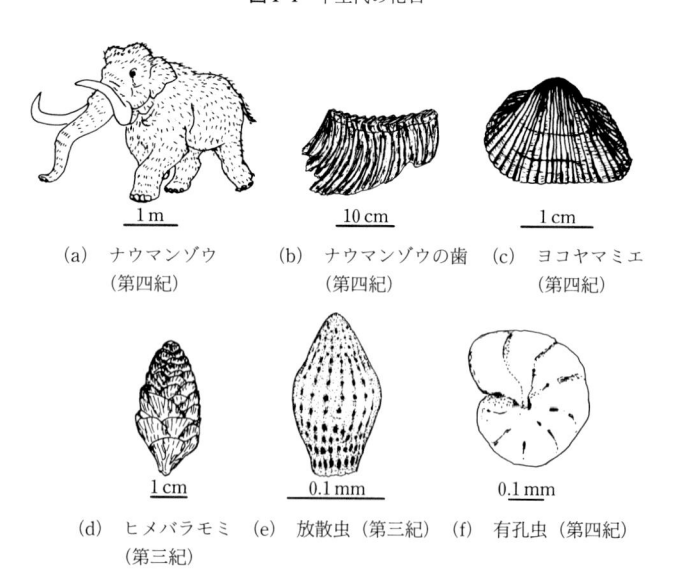

(a) ナウマンゾウ（第四紀）
(b) ナウマンゾウの歯（第四紀）
(c) ヨコヤマミエ（第四紀）
(d) ヒメバラモミ（第三紀）
(e) 放散虫（第三紀）
(f) 有孔虫（第四紀）

図 I-5 新生代の化石

在より数 m 高く,現在の平野部は入り江や浅い海底になっていたと考えられています (図 I-5)。

引用・参考文献

1. 藤山家徳・浜田隆士・山際延夫監修 (1986):日本古生物図鑑,北隆館,p.574
2. Harland, W.B. et al. (1989): A geologic time scale, Cambrige University Press, p.263
3. 日本古生物学会編 (1991) 古生物学事典,朝倉書店,p.410
4. 日本の地質「四国地方」編集委員会編 (1991):四国地方,共立出版,p.266
5. 奥村 清・西村 宏・村田 守・小澤大成 (1998):徳島自然の歴史,コロナ社,p.242
6. 国立防災技術センター編 (1974):「第四紀地殻変動図」,国立防災技術センター
7. 寺戸恒夫編 (1995):徳島の地理,徳島地理学会,p.214

(橋本 寿夫)

2. 野外調査に出かける前に

2-1 野外観察の方法

野外に出かけるときは本文中に書いてあることを参考にして十分に準備をしましょう。

（1） 目的と計画

まず，なにを採集したり，なにを観察するのか目的をはっきりさせておきましょう。目的が決まれば，一番に地図を用意しましょう。そして、出かける場所，交通手段を確認しましょう。地図は国土地理院発行の2万5千分の1か5万分の1の地形図が地点などを記録するのに便利です。地図は地図センターや本屋さんに注文すればたいてい取り寄せてくれます。

（2） 準 備 物

服装は帽子（場所によればヘルメットを用意），長袖の上着（肌を保護するため），靴は底の堅いしっかりした靴（登山用靴），水筒，弁当などのほか，調査用にはハンマー，タガネ，クリノメーター（方位磁石），カメラ，ルーペ（10倍程度），新聞紙，ビニール袋，雨具，地図（2万5千分の1地形図），筆記用具，接着剤，フィールドノート（野帳）などを用意しましょう（**図 I-6, I-7**）。

図 I-6 服 装 の 例

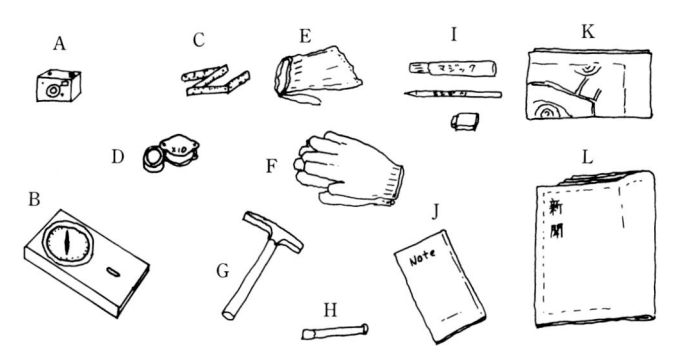

A：カメラ　B：クリノメーター（方位磁石）　C：尺（さし）　D：ルーペ（むしめがね）　E：サンプル袋　F：手袋　G：ハンマー　H：タガネ　I：筆記用具　J：フィールドノート（野帳）　K：地図　L：新聞紙

図 I-7 野外観察の道具の例

2-2 観察の実際

（1） 場所の確認

野外では自分が今いる場所が地図上でどこかがわかることが重要です。地図は北を基準にしています。自分のいる場所での北の向きをクリノメーター（方位磁石）で調べましょう。そして地図の北を上にして広げましょう。道路，川，谷の曲がり，付近の山など目安となる地形をよく見て地図上の自分のいる場所を確かめましょう。2万5千分の1の地形図では1kmが4cmです。

（2） 露　頭

岩石や地層が直接見られるところを露頭といいます。露頭では，つぎのことに注意して観察しましょう。

1） 観察の仕方

① すぐ，露頭に近づくのではなく，少し離れたところから全体の様子を観察してみましょう。岩石や地層の様子やどこを特に調べるか見通しを立てましょう。また，露頭に近づいたとき足元や頭上に危険はないか確認しておきましょう。

② 露頭では，地層を構成する岩石や土砂はなにか，地層の傾きや重なり方，断層や褶曲はあるかを調べましょう（**図 I-8**）。

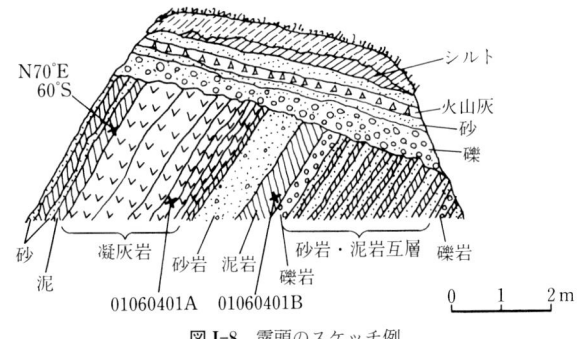

図 I-8 露頭のスケッチ例

2) 採集の仕方

① 岩石は，なるべく新鮮な部分をとりましょう。

② ハンマーで，むやみにたたくのではなく，割れやすいところを見てたたきましょう。化石をとるときには，化石だけとるのではなく，まわりの岩石といっしょにとりましょう。もろくてこわれそうな場合は石こうでかためてとりましょう。

③ 崩れそうな露頭では，岩石を無理にとらないようにしましょう。

3) 記録の仕方

① もう2度と来ることができないつもりで，できるだけたくさん気がついたことをノートに記録しましょう。

② 採集した岩石にはすぐに直接，採集場所名やサンプル番号をつけ，つぎに地図に採集場所とサンプル番号を記入しておきましょう。例えば2001年6月4日の1番はじめの観察地点であれば01060401，2番目の地点であれば01060402と記入します。

③ 露頭のスケッチは似顔絵のように露頭の特徴を書きましょう。

④ 傾いた地層は，走向と傾斜で表します。傾いた地層の走向と傾斜をクリノメーターで測りましょう（図 I-9）。露頭で見た地層をつくる岩石の種類も色分けして地図の中に記入しておきましょう。

走向はクリノメーターの長い辺を地層の層理面にあて，水準器で水平にします。クリノメーターではEとWは逆になっているので地層が北から何度の向

2. 野外調査に出かける前に　　13

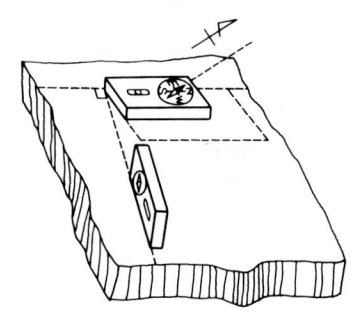

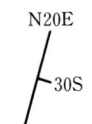

図 I-9 クリノメーターの測り方　　　**図 I-10** 走向・傾斜の表し方

きに走っているかわかります。

　つぎにクリノメーターの長辺を走向と直角にあて，クリノメーターの内側の目盛りで傾斜の角度を読みます。走向が北から20度東に向き，傾斜が南に30度傾いているのであれば**図 I-10**のように表されます。

　長い線が走向を，それに直交する短い線が傾斜です。地図上で正確にN 20°E，30°Sと書き込みます。

　③　カメラで観察地点や地層の写真を撮っておきましょう。化石の中には保存が悪く家などにもって帰っても復元できないものもあります。写真で記録を撮っておくと後で復元時に助かります。また，写真は明るさや大きさを変え余分に写しておきましょう。

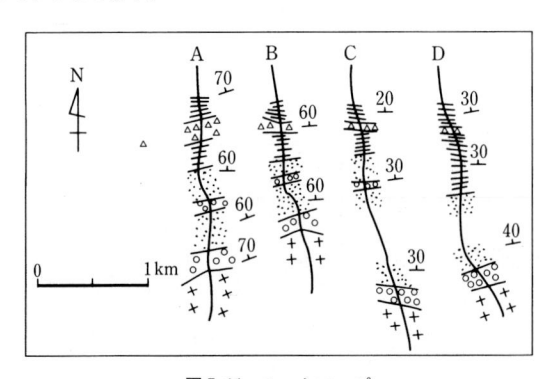

図 I-11 ルートマップ

14　Ⅰ．野外観察にあたって

⑥　ルートマップは地層の走向に垂直になルートを設定してそのルート沿いに出てくる地層を地図に書き込んでいきます（図 I-11）。ルートをたくさんとり，横方向につなぐと地質図ができます。

4) 注 意 点

①　土地の持ち主には必ず了解を得ましょう。

②　道路の露頭では特に岩石を飛び散らせたり，むやみにくずしたりしないように気をつけましょう。ハンマーを使うときは自分の手をたたいたり，友だちにあたらないように気をつけましょう。

(3) 整　　　理

家に帰ったら標本，ルートマップ，スケッチなどをすぐ整理しましょう。後回しにすると大切なことを忘れる場合があります。せっかくの標本もただの石となってしまいます。

2-3　野外観察の基礎知識

(1) 岩石について

岩石はそのでき方によって火成岩，堆積岩，変成岩の3種類に大きく分けられます。

1) 火 成 岩

火成岩はマグマが冷えて固まった岩石です。火成岩の名前は火成岩をつくっているそれぞれの鉱物の種類，大きさ，割合によって決められています。火成岩は大きく深成岩と火山岩に分けられます。マグマが地下深いところでゆっくり冷えて固まったのが深成岩，地上近くで急に冷やされたのが火山岩です。また，火成岩の性質はそれぞれ鉱物の組合せによっても違ってきます。石英や長

	酸性岩	中性岩	塩基性岩	超塩基性岩
色	白っぽい	中間	黒っぽい	
密度	小さい	中間	大きい	
火山岩	流紋岩	安山岩	玄武岩	
深成岩	花崗岩	閃緑岩	斑れい岩	かんらん岩(蛇紋岩)
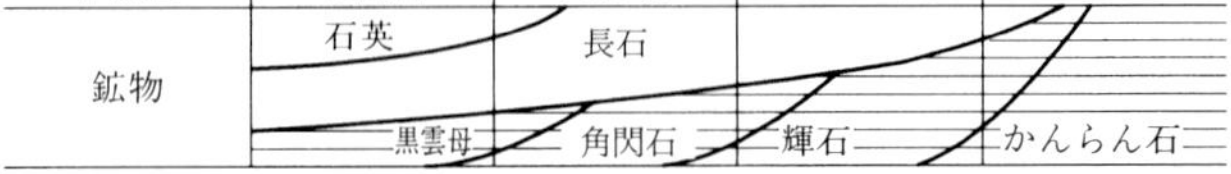 鉱物	石英	長石		
	黒雲母	角閃石	輝石	かんらん石

図 I-12　おもな火成岩と鉱物

石が多いと白っぽくなり、輝石やかんらん石が多いと黒っぽくなります。含まれている二酸化けい素（SiO_2）の多いほうから酸性岩，中性岩，塩基性岩，超塩基性岩といいます（**図I-12**）。塩基性岩をアルカリ岩ともいいますが、リトマス試験紙などで実験した酸性・アルカリ性とは違い、岩石では二酸化けい素というガラスなどの含まれる物質の割合をもとにしています。

2) 堆 積 岩

岩石が水などの働きによって風化・侵食され、水底や陸上に沈積して積み重なってできた岩石が堆積岩です。堆積岩は岩石をつくる粒の大きさによって礫岩，砂岩，泥岩に分けられます。粒の大きさが2 mm以上を礫、1/16 mm以上2 mm未満を砂、1/16 mm未満を泥といっています。また、岩石をつくる成分により石灰岩，凝灰岩，チャートに分けられています。石灰岩は炭酸カルシウムがおもな成分でサンゴや貝殻などの化石を含みます。チャートは二酸化けい素がおもな成分で放散虫などプランクトンの化石を含みます。チャートと石灰岩は塩酸をかけることにより区別できます。二酸化炭素が出るのが石灰岩です。また、釘で傷がつくのも石灰岩です。チャートも石灰岩も本来は白ですが含まれている不純物により赤，黒，緑などになることがあります。凝灰岩は火山噴出物が堆積してできたものです。堆積岩は化石が含まれることがあります。化石から地層の時代や堆積時の環境などが推測されます。

3) 変 成 岩

堆積岩や火成岩が高い温度や高い圧力を受けると岩石をつくっている鉱物に変化が起こり性質の違う岩石に変わります。この変化を再結晶作用といい、こうしてできた岩石を変成岩といいます。結晶片岩は鉱物が一定の方向に並び板状にはがれやすくなっています。徳島で見られる岩石で一番多いのが変成岩です。塩基性岩が塩基性片岩に、チャートが石英片岩に、泥岩が泥質片岩に、砂岩が砂質片岩に変化します。

（2） 地層について

1) 地層のでき方

水は風化した岩石を侵食し礫，砂，泥などを下流に運んでいきます。流れが緩やかな川や湖の河口などにきますと、粒の粗いものから順に層状に堆積していきます（**図I-13**）。この層状に堆積したのが地層です。地層のうち上下の面で性質の違いが区別できる地層を単層といいます。長い年月の間に地層はどん

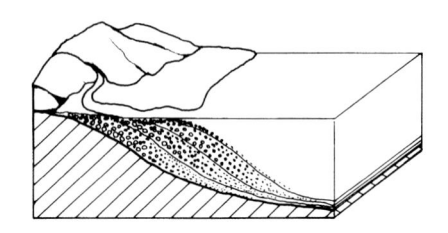

図 I-13　河口付近での堆積

どん厚く堆積し，下の地層は圧縮されていきます。

2) 地層の堆積物の性質

1枚の地層内ではふつう下ほど粒が粗くなります。これを級化といいます。また，地層ではふつう下の地層ほど先に堆積しているので下ほど古くなります。

3) 地層の重なり方

① 整　合

地層の堆積が連続して行われた場合をいいます（図 I-14 の(a)）。地層はそれぞれ並行して重なっています。

② 不整合

地層が隆起すると地層の堆積が中断されます。そして水面上から姿を現すと風化侵食されます。その後，再び水面下に沈降すれば堆積が再開されます。このようにしてできた地層全体を見ると侵食面を境に上下で年代の異なる地層が

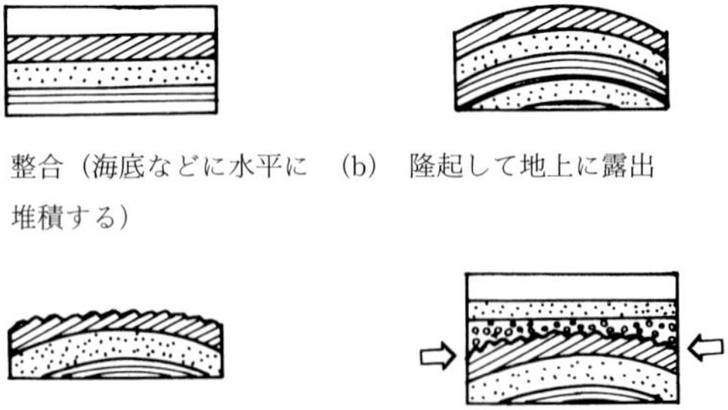

(a)　整合（海底などに水平に堆積する）

(b)　隆起して地上に露出

(c)　侵食される

(d)　再び沈降しその上に堆積する
矢印部分：不整合

図 I-14　整合と不整合のできかた

見られるようになります（図I-14の(d)）。このような地層を不整合とよび、不連続な境界面を不整合面（図I-14の矢印の面）といいます。不整合面は侵食により凸凹になっています。不整合面の上の地層は礫岩になっている場合が多く、この礫岩層を基底礫岩層といいます。不整合が見られることは、隆起・沈降など大地の変動を意味します。

4) いろいろな地層

① 褶 曲

地層に横からゆっくりと力が加わると地層が曲がり波打ちます。これを褶曲といいます（**図I-15**）。褶曲した地層で背にあたるところを背斜といい、その軸を背斜軸、谷にあたるところを向斜といいその軸を向斜軸といいます（**図I-16**）。背斜、向斜の両側が翼です。

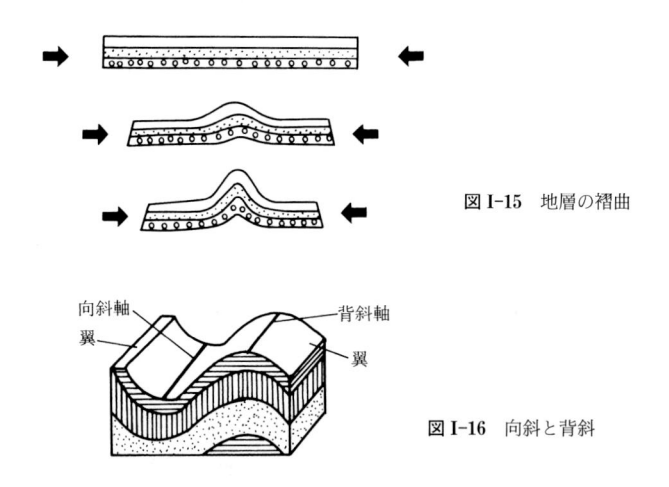

図I-15 地層の褶曲

図I-16 向斜と背斜

② 断 層

地層に急に力が加わり地層が断層面で切れ、断層面に対し上盤が下がる場合を正断層（**図I-17**(a)）、上盤が上がる場合を逆断層（図(b)）といいます。上下ではなく横にずれた場合が横ずれ断層です（図(c)）。

5) 地層の表し方

① 柱状図

地層の垂直的な重なり方を図で表したのが柱状図です（**図I-18**）。

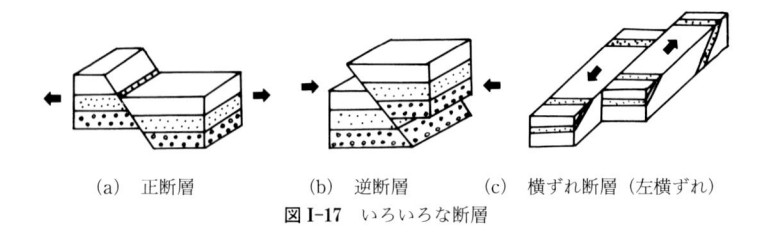

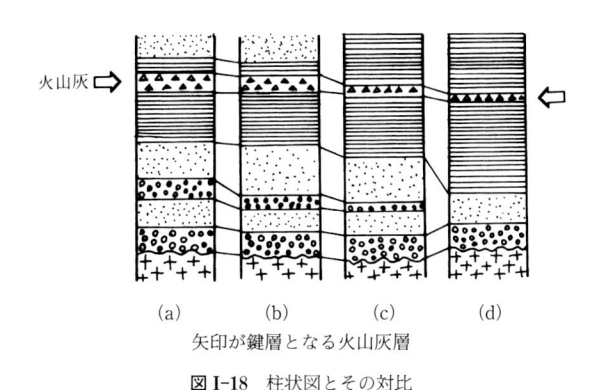

(a) 正断層　　　　(b) 逆断層　　　　(c) 横ずれ断層（左横ずれ）

図 I-17　いろいろな断層

火山灰 ⇒

(a)　　　(b)　　　(c)　　　(d)

矢印が鍵層となる火山灰層

図 I-18　柱状図とその対比

② 対　比

いくつものルートでつくった柱状図を並べ地層の特徴からつないでいくと，地層の横方向の変化が推定できます。いくつかの地層を比べることを対比といいます。

③ 鍵　層

火山灰は広い範囲に短時間に堆積し，特徴的な地層をつくります。そのため地層を対比するのに役立ちます。このような地層を鍵層といっています。示準化石を産する地層も鍵層として使われます（図 I-18 の矢印）。

④ 地質図

地質図は地表での地層の分布や地層相互の関係，地質構造を表した地図です。地形図と違い表土を除いた地質の情報を最優先に表現しています。河川，湖沼など陸地を覆っている水の部分の地質は表示しません（**図 I-19**）。

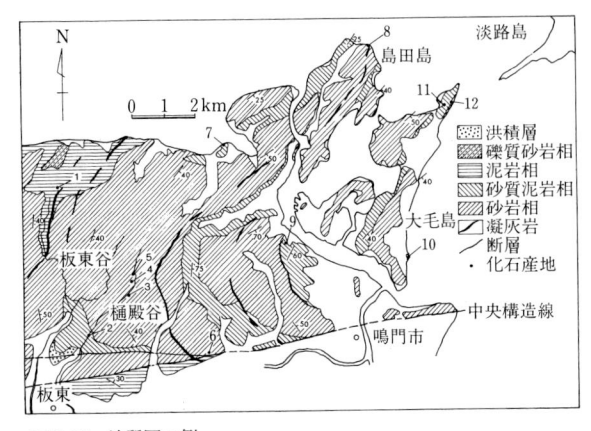

図 I-19 地質図の例
島田島・大毛島付近の地質図（須鎗・橋本(1985)の一部）

引用・参考文献

1. 岩崎正夫 (1990)：徳島県地学図鑑，徳島新聞社，p.319
2. 奥村 清編 (1997)：地学の調べ方，コロナ社，p.227
3. 大久保雅弘・藤田至則 (1984)：地学ハンドブック，築地書館，p.233
4. 地学団体研究会編 (1996)：新版 地学事典，平凡社，p.1446
5. 益富壽之助 (1987)：全改訂新版 原色岩石図鑑，保育社，p.383
6. 須鎗和己・橋本寿夫 (1985)：四国東部の和泉層群より産した放散虫群集，徳島大学教養部紀要，18 巻，pp.103-127

(橋本 寿夫)

II. 徳島県の地質めぐり

1. 鳴門周辺コース

　和泉層群は，領家帯南縁部に分布する後期白亜紀の地層で，領家帯の花こう岩・変成岩を不整合に覆うおもに砂岩・泥岩からなり，礫岩・凝灰岩を伴う海成層です。和泉層群分布域は東西延長約 300 km・南北幅 14 km，近畿地方の和泉山脈東部から四国地方西部愛媛県長浜町に及びます。徳島県では吉野川以北阿讃山脈に分布します。阿讃山脈南には，中央構造線の露頭が見られます。全行程を図 1-1 に示します。

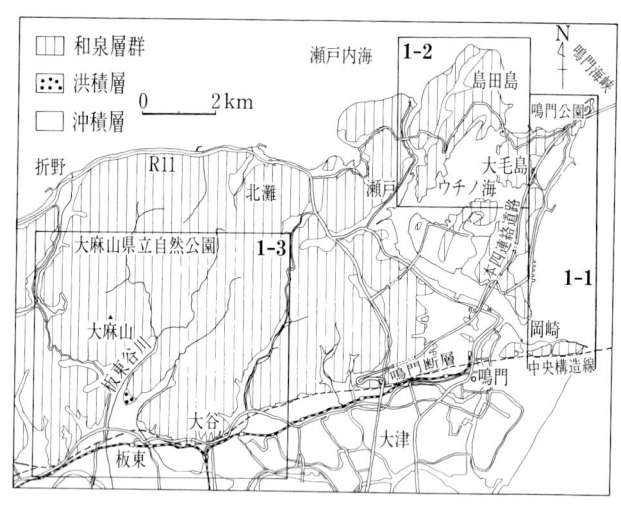

図 1-1　全行程図

〔みどころ〕
① 和泉層群のよい露頭が見られます。
② 地層内部の構造が簡単に見てとれます。
③ 褶曲，断層などが見られます。
④ 化石の採集ができます。

〔**交通**〕 徳島バス,鳴門市営バス
〔**地図**〕 2万5千分の1「撫養」,「鳴門海峡」
〔**注意**〕

海岸沿いの露頭はよく磨かれ観察にとても適していますが,危険もあります。以下,注意点をあげます。

(1) 露頭が水面上にないと観察できません。最適の観察時間は干潮時で,広い範囲が水面上に現れます。また季節により干満の差があり,潮位が低くなる季節が観察に適しますので新聞を参照したり地方気象台に問い合わせたりして干満時間を調べて下さい。潮の満ち引きはかなり早いので注意して下さい。荒天時あるいは波が高い時の観察は当然避けましょう。

(2) 観察する場所は磯が多く,海草が生えていたり濡れていたりして滑りやすいです。滑りにくい靴・はき物をはくようにしましょう。

(3) 海岸地帯は日射が強く紫外線の影響があります。必要に応じて帽子,サングラス,長袖長ズボンを着用しましょう。服装は転んだとき体を保護する役目ももちます。軍手なども手を保護するのに便利です。

1-1 岡崎・網干

コースを**図 1-2** に示します。

地点 A　里浦町岡崎海岸

バス停　岡崎海岸(岡崎海岸行き:鳴門市営バス)

鳴門市里浦町北側の海岸は,和泉層群分布域の南限に近く,南限域の構造が観察できます。

岡崎のバス停を降り,海岸沿いの車道を左手に海を見て歩いていくと,やがて車道が終わり,「徳島-鳴門自転車道路」が始まります。晴れていれば大鳴門橋がはっきりみえます。ここで道から離れ左手の海岸を歩いていくことにします。短い砂浜が終わるとすぐに磯が始まります。連続露頭で最初は砂岩優勢で厚さ 20〜80 cm の泥岩が挟まります。砂岩は露頭では黄土色から灰色で,泥岩は濃灰色です。この地域では泥岩が相対的に浸食に弱いため削られていて,砂岩が出っ張り泥岩がへこんでいます。砂岩と泥岩の境界で走行傾斜を測っておきましょう。この付近ではほぼ N 40°W,40°E と北西走向で東傾斜となります。

図 1-2　岡崎・網干コース　　　　　　図 1-3　級 化 層 理

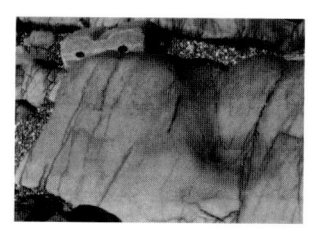

　砂岩の中を注意して見ると，粒子の大きさが地層面と垂直方向に変化する級化層理が観察できます（**図 1-3**）。級化層理は，地層が堆積するときに水流の強さが徐々に弱まることによってだんだんと運搬される粒子の大きさが小さくなることによってできます。地層はもともと水平面に堆積しますから級化層理において粒子が大きくなる方向が地層堆積時の重力方向を示しています。この露頭においては見かけ上の下方向がそのまま当時の重力方向，つまりこの地域では地層は傾いていますが 90 度以上傾いて逆転した状態になってはいないことがわかります。

　砂岩優勢の地層は，サイクリング道路が山の中に入っていく付近で泥岩優勢の地層に変化します。

地点 B　大毛島土佐泊竜宮の磯

バス停　鳴門東小前（鳴門公園行き；鳴門市営バス/徳島バス）

　鳴門市大毛島土佐泊の海岸の北側に竜宮の磯とよばれる岩礁があります。引き潮の際には陸続きとなり調査することができます。

　竜宮の磯の陸側，道路に面したがけにも和泉層群の露頭があり，砂岩や泥岩の地層を観察することや走向傾斜の測定が可能です。潮の具合や天候が悪い場合，ここで観察を行いましょう。地点 A と同様に，侵食に対する強度の違い

(差別侵食)で砂岩が出っ張り泥岩がへこんでいるのが観察されます。砂岩は黄土色〜灰色で,泥岩は濃灰色です。また泥岩は細かく割れた組織を示します。この付近の走向傾斜は,N 10°W,50°Eと北北西走向で東傾斜となります。地点Aと比較して走向が北寄りとなっています。

さて竜宮の磯へ向かいましょう。竜宮の磯では砂岩および泥岩が観察できます。最も高い位置を占める砂岩層の底の部分に注目しましょう。砂岩と泥岩が接する境界がでこぼこしています。そして砂岩を構成している粒子の大きさがこの出っ張った部分で大きくなっていることがわかります(**図1-4**)。これはソールマークとよばれる堆積構造で,流れによって先に堆積していた泥岩が削り込まれそこに砂岩が堆積したことを示します。流れの方向も同時にわかり,ソールマークが浅くなる方向が当時の水流の方向です。

図1-4 ソールマーク

地点C　大毛島網干島(あぼしじま)

バス停　網干島(鳴門公園行き;鳴門市営バス/徳島バス)

竜宮の磯から約3.5 km北にいった網干島とよばれる磯があります。公共駐車場から海岸に出て北側に進んでいくとこの磯に出ます。すぐ目前に大鳴門橋が見えるところです。網干島では和泉層群中の砂岩・泥岩そして少量の礫岩が見られます。また堆積構造として級化層理・スランプ構造が観察できます。

まず走向傾斜は,N 40°E,50°Eと北東走向で東傾斜となります。地点A〜Cの走向傾斜の変化を見ると,傾斜方向は東方向で共通ですが,走向方向が和泉層群分布域の南限近くの地点Aでは北西-南東走向,地点Bでは北北西-南南東走向,地点Cでは北東-南西走向となっています。この変化は和泉層群の構造を反映しています。すなわち和泉層群は大局的には東方へ傾斜する東西方向の褶曲軸をもった向斜構造をもっていて,それが走向の変化に対応しているのです。

さて、この露頭においても砂岩と泥岩の差別侵食により砂岩が出っ張り泥岩が引っ込む産状を示しています（**図1-5**）。砂岩は灰色で塊状、泥岩は濃灰色から黒色で細かく割れています。

図1-5　差別侵食

図1-6　級化層理

砂岩層の中をよく観察すると構成粒子の粒径が地層面と垂直方向に変化する級化層理が観察できます（**図1-6**）。粗粒な部分が溝状に下に凸な面を形成していることがあり、水流の方向が写真の面に対し垂直な方向であることがわかります（**図1-7**）。またこのような級化層理の粗粒部では粒径が2mm以上で礫岩に分類される部分が見られます（**図1-8**）。

図1-7　級化層理

図1-8　礫　　岩

網干島で観察できるもう一つの堆積構造はスランプ構造です。スランプ構造は砂岩の地層に挟まれた部分に見られます。地層を横方向に追跡して連続性を見てみましょう。するとその上下の地層が整然と積み重なっているのに対し、スランプ構造の見られる層では、砂岩がブロック状になっていたり（**図1-9**）、地層が褶曲していたりします（**図1-10**）。このように地層が変形しているのですが、この変形はスランプ層の中に限定されています。このことはこの変形が上の地層が堆積する前に起きていたことを示しています。変形の原因とし

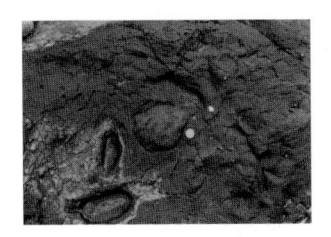

図 1-9 スランプ構造 　　　　図 1-10 褶　　曲

て海底地滑りが考えられ,地滑りによって崩落した地層が再堆積するときに変形したと思われます。地滑りの原因としては地震が考えられます。

(小澤　大成)

1-2 島　田　島

鳴門市の北部には大毛島・島田島などが,静かな海の上に浮かんで景勝の地をつくっています。島々の海岸線は複雑に入り組んでいるリアス式海岸で,その景色は鳴門スカイラインを通りながら見ることができます。また,道路の切り通しや海岸で地層や岩石が露出しているところが多く,砂岩・泥岩などの堆積岩や断層・褶曲などが見られます。これらの島々を訪ねて,この地域のおいたちを考えてみましょう(図1-11)。

〔みどころ〕

① 堀越橋の上からリアス式海岸の様子を観察しましょう。

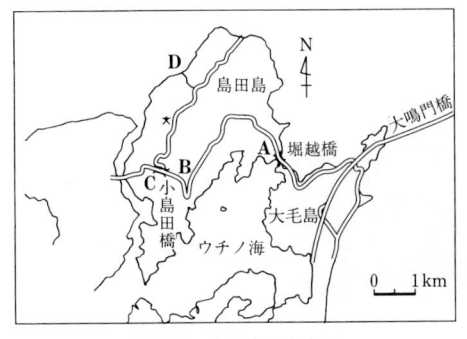

図1-11　島田島の案内図

II. 徳島県の地質めぐり

② 道路沿いの地層や岩石を観察して、これらがどのようにしてできたかを類推してみましょう。
③ クリノメーターを使って、地層の走向・傾斜を測ってみましょう。
④ 島田島の地表の様子を観察しましょう。
⑤ アンモナイト・コダイアマモの化石を採集しましょう。

〔**交通**〕 鳴門駅から市バス鳴門スカイライン経由鳴門公園行き堀越橋下車。スカイラインを小島田橋まで歩いた後、中島田を通って海岸に出る。

〔**地図**〕 2万5千分の1「撫養」、「鳴門海峡」

〔**注意**〕 旧有料道路に沿って歩きます。車が高速で走っているので事故に遭わないよう十分注意しましょう。途中売店などがないので、飲み物や弁当などを持参するとよいでしょう。バスを利用する人は時刻表を調べておきましょう（バスは1日2往復です）。化石の採集には、ハンマー、タガネが必要です。

地点 A　堀越橋

堀越橋の上からウチノ海の海岸線の様子を観察しましょう（**図 1-12**）。小さな入り江が続き、のこぎりのような複雑な海岸線になっています。ウチノ海の真ん中には鏡島があります。ここ一帯は、土地が沈降し、海水が侵入してできたリアス式海岸です。堀越橋の下はもとは地続きでしたが、ウチノ海へ海水が入るよう掘られてできた水道です。

地点 B　ヘアピンカーブ

道路沿いに歩いて地層の観察をしましょう。道路沿いに岩石や地層が露出しているところがあります。適当な露頭を選んで、石や地層の観察をしましょう

図 1-12　ウチノ海の海岸線　　　図 1-13　地点 B のスケッチ

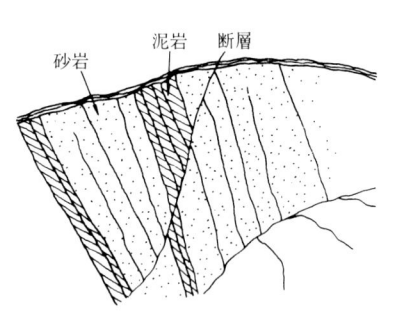

(**図 1-13**)。

まずどんな岩石でできているか調べます。ハンマーで割ってみたり，ルーペで観察してみましょう。砂岩と泥岩が交互に堆積している地層と断層を見つけることができます。このあたりは和泉層群とよばれる地層です。

スカイラインがヘアピンカーブしたところに見られる地層は，厚い砂岩層と薄い泥岩層の互層で断層が走っています。クリノメーターで地層の傾きを測ってみましょう。地層は N 40°E，60°E と北東走向で東傾斜です。

このことからこの地層ができて，西が上がり東が沈むような地殻変動があったことがわかります。

地点 C　小島田橋

小島田橋の上から島田島を見ましょう。この橋の下は川ではなく低い土地です。島の中央部に南西から北東へ向かって，谷ができているのがわかります。一般には谷は山の頂に近いところから海岸に向かっているのですが，ここは少し変わっています。島田島には谷の方向に断層が発達していて，この断層によって地形が特徴づけられています。

地点 D　島田島北海岸

島田島の北の海岸の露頭です（**図 1-14**）。ここへは，スカイラインを降りて島田小学校の前を通り，小さな峠になった細い道を北に抜けると着きます。海岸に出たら，海岸の石の形や色の観察もしてみましょう。丸くて扁平な砂岩が多いことがわかります。

図 1-14　地点 D の露頭

道路沿いで見た互層がここでも見られます。断層を見つけて，どの地層とどの地層がつながっていたのかよく観察してみましょう。また，クリノメーターの使い方を十分練習して走向や傾斜を測ってみましょう。この付近では N 40°E，40°E と北東走向で東傾斜です。

ここは昔からのアンモナイトの化石の産地です。黒い泥岩の中を探してみましょう。この泥岩層は中生代白亜紀、あまり深くない海の底に堆積したものと考えられています。また、海藻のような黒い模様にみえるコダイアマモの化石も見られます。もし見つけることができたら、ハンマーかタガネを使って壊さないように採集してみてください。よい標本がとれたら場所と日付を書いて大切に保管しておきましょう。

(松田　順子)

1-3　大谷・板東コース

図 1-15 にコースを示します。

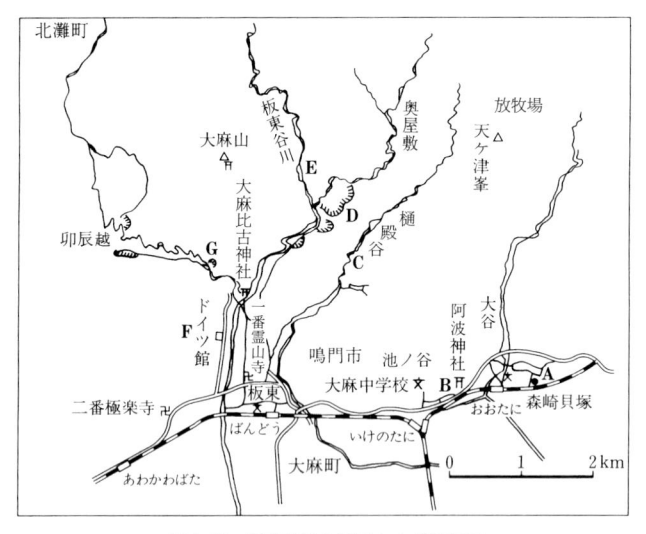

図 1-15　板東付近の略図および行程図

〔交通〕　最寄りは JR 大谷駅、JR 板東駅ですが板東谷や卯辰越方面へは徒歩では距離もあり難しいかもしれません。自転車などで出かけて下さい。

地点 A　森崎貝塚

阿波大谷駅東約 500 m に森崎貝塚の立て札があります（図 1-16）。この付近は海抜約 5 m 前後とまわりより少し高くなっています。以前からこの付近の

住宅や田畑から貝殻がよく掘り出されるため，1971年に鳴門市教育委員会が発掘調査しました。その結果，縄文時代中〜後期の貝塚が確認されました。縄文土器や石器のほか，ハイガイを中心にハマグリ，アサリ，マガキ，ツメタガイ，アカニシ，イボニシ，ウミニナなど内湾性の貝類が検出されました（**図1-17**）。貝塚からは貝類のほかにはクロダイ，イノシシ，シカ，イルカの骨も出土しました。今から約6000年ほど前の縄文時代には海面が現在の海面より2mほど高く，このあたりまで海が進入していたようです。

図1-16 森崎貝塚

図1-17 森崎貝塚の立て札付近に散乱する貝

地点B　阿波神社西

阿波神社は土御門上皇火葬所とされています。阿波神社の北の阿讃山脈の山麓には泥岩勝ちの砂岩・泥岩互層や泥岩が広く分布しており，なだらかな地形をつくっています。泥岩からはアンモナイトなどの化石がしばしば採集されています。阿波神社火葬塚の旧道を西に100mほど進むと小さな丘陵が見られます。中央構造線は，和泉層群と三波川帯の境を通っています。断層運動により岩石が壊された部分を破砕帯といいます。阿讃山脈の丘陵の縁には中央構造線の断層破砕帯がみられます。破砕帯の中にはところにより，三波川結晶片岩の塊が見られます。B地点の民家の裏には5〜6mの結晶片岩の塊が露出しています（**図1-18**）。この結晶片岩とまわりの岩石の違いをよく見てみましょう。この付近には黒とオレンジ色の粘土が見られます。これは岩石が断層運動により破砕されたものです。ここで断層の方向をクリノメーターで測り，地図の中に書き込んでみましょう。この方向が中央構造線の向きです。ほぼN70°〜80°Eとなっています。

図 1-18 中央構造線の露頭

地点 C 樋殿谷(ひどのだに)

板東谷の東の谷です。地層は谷の入り口付近は N 15°W と北北西走向ですが、上流では N 20°E と北北東走向になり谷の方向と走向が似てきます。これは砂岩・泥岩の互層では砂岩は比較的侵食に強く、泥岩が多い地層は侵食されやすいためにおこります。樋殿谷の中流付近ではこれまでアンモナイトなどの化石が多く出たことがありますが(坂東・橋本、1984)、今では露頭が悪く採集は難しいでしょう。この谷では水が比較的きれいなため、梅雨どきには、蛍が多く見られることで知られています。

地点 D 板東谷川入り口採石場

大麻比古(おおあさひこ)神社の東に沿って板東谷川は流れています。大麻山は標高 538 m 鳴門市の最高峰で自然植生も残されており、野生のホンドザルも生息しています。大麻比古神社北東の平草には、大きな採石場があります。ここでは採石の結果、和泉層群の砂岩・泥岩互層のきれいな地層が見られます (**図 1-19**)。黒く見えるのが泥岩で白っぽく見えるのが砂岩です。この採石場の砂岩にはコダイアマモが、泥岩にはアンモナイトの化石が入っていることがあります。採石場に入る場合には必ず事務所へ行き断ってから入らせてもらいましょう。採石中の現場や大きく崩しているところには絶対近づかないようにしましょう。

図 1-19 板東谷採石場

1. 鳴門周辺コース　31

地点 E　板東谷奥

採石場の西の橋を渡ると板東谷に沿って奥に入っていけます。クリノメーターを持っている人は，谷の入り口付近から奥に向かって歩きながら，地層の走向や傾斜を測り，地図に記入しながら進んでいきましょう。黒っぽい泥岩の中にはアンモナイト・二枚貝・魚の化石が入っていることがあります．もし，発見したときは，すぐに取り出そうとしないで，接着剤などで補強してから取り出しましょう。谷の入り口付近の泥岩からは異常巻きアンモナイトとして知られているプラビトセラスが，谷の上流の泥岩からはディデモセラスが産しています。走向傾斜をていねいに測りながら観察しましょう。谷の入り口付近では，N 40°〜50°W，50°〜60°E 北西走向で東傾斜となっていたのが，谷の上流では N 50°〜60°E，40°〜60°E 北東走向で東傾斜となり，走向が北西から北東方向となり和泉層群が東に傾斜した向斜構造をしていることがわかります。

地点 F　ドイツ館

ドイツ村公園からドイツ館付近は 1917 年から 1920 年までドイツ軍俘虜収容所があり，その後，1945 年まで陸軍の軍事演習場になっていました。ドイツ館には俘虜収容所での地元の人々とドイツ人俘虜との交流の様子が展示されています。

地点 G　卯辰越入り口

このドイツ館北の砂岩層には，コダイアマモの化石が見られることがあります。コダイアマモの化石は，ショウブ石やアヤメ石といわれ阿讃山脈ではよく見かける化石のひとつです。河口付近ではえているアマモに似ていることから香川県出身の植物学者の三木茂などが命名した（1931）ものですが，最近では生物が海底で這った跡の化石（コンドリテス）との説もあります。板東谷周辺地層は中央構造線に伴う小断層により走向・傾斜は乱れています。ドイツ館周辺では，草木が覆っているところも多く地層露頭はあまりよくありません。板東から北の北灘町折野へは卯辰越から行くことができます。その途中の道路際や採石場跡には見事な砂岩・泥岩互層が見られます（**図 1-20**）。コダイアマモはこの砂岩層の上面に多く見られます（**図 1-21**）。しかし，採石場跡の多くは現在産業廃棄物処理場となっており無断立ち入り禁止です。ドイツ村公園から極楽寺北の丘陵には縄文時代から中世までの遺跡があり，これまで多くの石器が採集されましたが，現在は新しい団地となっており，採集はできません。

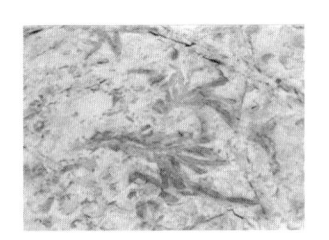

図 1-20　砂岩・泥岩互層　　　図 1-21　コダイアマモの化石

〔注意〕

採石場には必ず許可を得て入りましょう。落石のあるところには近づかないように気をつけましょう。

引用・参考文献

1. 徳島県中学校理科教育研究会編(1992)：徳島の自然，p. 202
2. 坂東祐司・橋本寿夫（1984）：阿讃山地における和泉層群産アンモナイト化石とその生層序，香川大学研究報告第 2 部，34 巻，pp. 11-39
3. 天羽利夫・岡山真智子（1985）：徳島の歴史散歩，徳島市民双書 19，徳島市立図書館，p. 284
4. 郡場　実・三木　茂（1931）：和泉砂岩統からの古代アマモの研究，地球，15 巻，3 号

（橋本　寿夫）

2. 阿讃ミュージアムコース

2-1 板　　　野

　阿讃ミュージアムコースは，板野，上板（かみいた），土成（どなり）の三つの町に分布する和泉層群と中央構造線を中心に見学していきます。それぞれの見学場所の中心には，「彩りの館」，「技の館」，「もてなしの館」があり，よい目印になるでしょう図2-1にこの地方の地質図を示します。

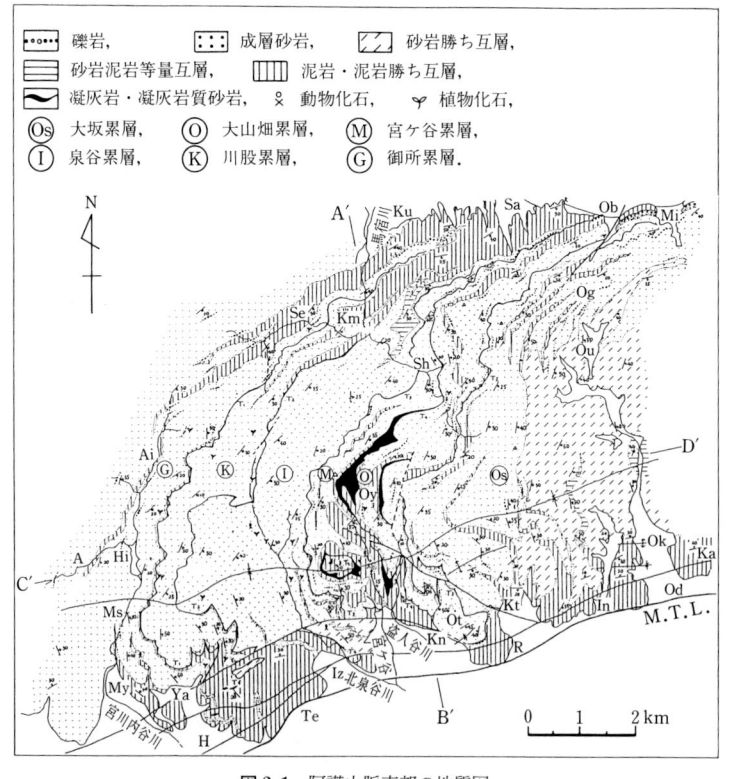

図2-1 阿讃山脈東部の地質図

34　II．徳島県の地質めぐり

まず，板野は板野町歴史文化公園内の「彩りの館」付近から北に向かって堆積岩を見ていきましょう。

〔**みどころ**〕

① 和泉層群の砂岩と泥岩の互層が，中央構造線に伴う小さな断層できられ，ずれているのを見ることができます。断層のどちら側の地層が持ち上がったか，地層の端の曲がり具合を観察して考えましょう（図2-2地点A）。

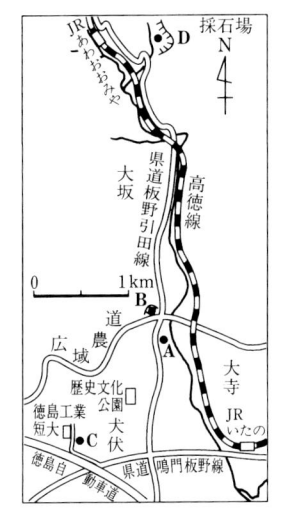

図2-2　板野付近のルート図

② 工場の裏のがけでは，泥岩の優勢な互層を見ることができます。地層を横に見ていくと泥岩がだんだん多くなっています。砂岩や泥岩の厚さが変化しているのを観察しましょう。泥岩をよく探すと化石が見つかるかもしれません（地点B）。

③ 徳島工業短期大学の東のがけでは，中央構造線に伴う断層で破砕された砂岩と泥岩が見られます。破砕された岩石がどんなになっているか観察しましょう（地点C）。

④ JR阿波大宮駅東の採石場では，和泉層群の中央部を構成する代表的な砂岩の優勢な互層を見ることができます。全体の様子を観察してから，近づいてそれぞれの地層を観察しましょう（地点D）。

〔**交通**〕　JR高徳線板野駅から徒歩30分で板野町歴史文化公園（彩の館，文

化の館)に着き,公園から県道を北に徒歩1時間で採石場に着きます。

〔**地図**〕 2万5千分の1「大寺」,「引田」

〔**注意**〕 採石場や県道は大型車が往来しているので,注意しましょう。見学するときに私有地に入ることが多いので,必ず許可をもらってから観察しましょう。

地点 A　歴史公園の北

ここは小さい岡でしたが,土砂をとったために広場になっていてその南東部に高さ7mぐらいのがけが残っています(**図 2-3**)。この露頭は,厚さ3〜20cmの砂岩と厚さ5〜20cmの泥岩の互層でできています。場所によって砂岩の優勢な互層と泥岩の優勢な互層に分かれています。これらの地層はN 10°E,30°Eと北北東走向で東傾斜を示しています。この互層は,小さい断層でずれています。断層の近くの砂岩層の曲がり方から向かって右が上がり,左が下がったと考えられます。断層は,NS,80°Eと南北走向で東傾斜を示しています。この断層面では,砂岩や泥岩がつぶされ,幅50cmの断層粘土になっています。

図 2-3　砂岩と泥岩の互層と断層

地点 B　工場裏

地点Aを北に進むと四つ角があり,その角の工場裏のがけが地点Bです。ここには下に泥岩の優勢な互層があり,その上に砂岩と泥岩の等量な互層が堆積しています。泥岩の優勢な互層は3〜10cmの砂岩と30〜50cmの泥岩が交互に重なっています。地層はNS,20°Eと南北走向で東傾斜です。この互層はだんだん上にいくと砂岩が5〜20cmと厚くなり,等量な互層に変わります。1枚の砂岩層を左に追いかけるとだんだん薄くなり,泥岩が多くなっていることがわかります。右側のがけでは砂岩の優勢な互層が見られ,その間に断層があるのかもしれません。

地点 C　徳島工業短期大学

歴史公園から西に向かうと徳島工業短期大学があります。ここが地点 C です。ここでは、中央構造線に伴う断層によって破砕された砂岩と泥岩の互層が見られます（図 2-4）。破砕された岩石は細かく砕かれ、黒色～暗灰色でかたい泥岩の中に小さい砂岩のブロックが混ざったようにみえます。破砕されてから長い時間が経過したので固くなっています。この露頭で観察できる断層の一つは、EW 70°N と東西走向で北傾斜を示しています。

図 2-4　中央構造線に伴う断層によって破砕された砂岩・泥岩互層

図 2-5　採石場の砂岩の優勢な互層

地点 D　採石場

歴史公園から北に進むと大きな採石場があります。ここが地点 D です。この採石場は地層の重なりや広がりを観察するのには、一番よいところです（図 2-5）。高さ 100 m、幅 300 m にわたって砂岩の優勢な互層が堆積しています。20～100 cm の厚さの砂岩と 10～30 cm の厚さの泥岩が交互に積み重なっています。一部 1～2 m の厚い泥岩が堆積しています。地層は N 30°E、40°S と北東走向で南傾斜を示しています。この厚い砂岩の表面ではコダイアマモの化石が見つかるかもしれません。

また、級化といって砂岩の下のほうに粗い砂や小石が見られ、上にいくに従って細かくなり、最後には泥や粘土でできた泥岩に変わっていく堆積構造が見られます。粗い物が先に堆積し、だんだん細かくなることから、地層の上下を判定することができます。この 1 枚の砂岩と泥岩は 1 回の混濁流（タービディティカレント）で堆積したと考えられています。混濁流とは、大陸棚に一度堆積した砂、礫、泥などが海底地震などで土石流のように海底斜面をすべりおり、海底に堆積する流れのことです。和泉層群では、1 000 年に 1 回ぐらいの

割合でこの混濁流が起こり、1枚の砂岩と泥岩が堆積したと考えられています。砂岩の底には、この流れを示すソールマーク（流痕）が残っています。この方向を計ることでこの地層がどの方向から流れてきたか知ることができます。このあたりの地層は、だいたい東から西に流れてきたことを示しています。このように一つの地層からもいろいろなことを知ることができます。

混濁流の概念図（模型）を図 2-6 に示します。

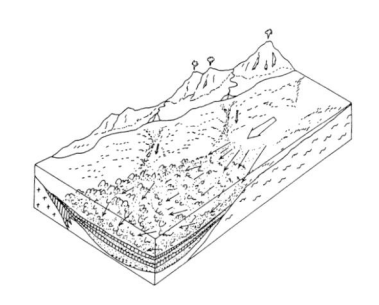

図 2-6 混濁流の概念図

〔足をのばせば〕 地図にはのっていませんが、採石場から北に大坂峠に向かうと峠の手前 1km のあたりに凝灰岩が出てきます。この凝灰岩は青い砂岩のようですが、割ってみると緑色の数 mm～数 cm の火山灰の固まりが散在しています。この凝灰岩は連続性がよく、東の海岸まで続き、西は阿讃山脈を越えて上板のあたりまで続きます。凝灰岩は鍵層（地層の中で目印となる層）として有効で、この凝灰岩層を追跡することで和泉層群の地質構造を知るよい手掛かりとなります。この凝灰岩は、白亜紀に大阪府泉南地方で活動した火山から噴出した灰が流されて堆積したのではないかと考えられます。

2-2 上　　　　板

上板町の「技の館」をめざして車を進めましょう。「技の館」はドーナツ型のユニークな建物で、近くでは日曜市が開かれています。ここでは徳島県の伝統工芸や藍染、阿波和三盆糖の製作の見学や体験ができます。地質を見学後、立ち寄ってみるとよいでしょう。上板では中央構造線の破砕帯と和泉層群の南部の代表的な地層を観察しましょう。

〔みどころ〕
① 糖源公園の東に「中央構造線露頭の地」があります。ここでは中央構造線

38　II．徳島県の地質めぐり

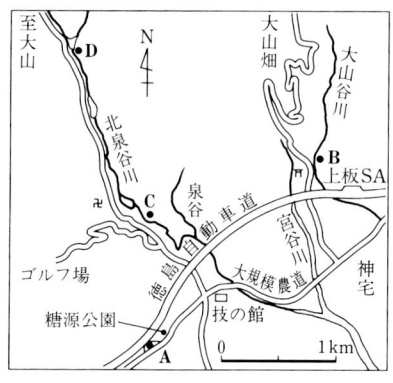

図 2-7　上板付近のルート図

の活動によって，三波川結晶片岩が砕かれてできた破砕帯を観察することができます（**図 2-7** 地点 A）。

② 大山谷川では厚く堆積した泥岩を観察しましょう。この泥岩の中からはたくさんの化石が発見されています。みなさんも化石探しに挑戦しましょう（地点 B）。

③ 「青の洞門」といわれる水路にいってみましょう。ここは厚く堆積した凝灰岩でできています。凝灰岩の粒の大きさが場所によってどのように変わるか観察しましょう（地点 C）。

④ アーチダムの東では，和泉層群中央部の砂岩の優勢な互層が厚く堆積している様子を観察しましょう。ここではいろいろな堆積構造や化石を見つけることができるかもしれません（地点 D）。

〔交通〕　徳島バス鍛治屋原停留所から徒歩 20 分で「技の館」に着きます。そこからアーチダムまでは徒歩約 1 時間で着きます。

〔地図〕　2 万 5 千分の 1 「大寺」「引田」

〔注意〕　谷に下りて観察する場所が多いので，長袖を着るなど服装に配慮しましょう。また，北泉谷川沿いの道は駐車する場所が少ないので，多人数でいくときは乗り合わせるようにしましょう。

地点 A　糖源公園

地点 A は，大規模農道を「技の館」から西へ，800 m ほどいった糖源公園

の西にあります。公園の入口に「中央構造線露頭」の表示がありますが，公園の西にある池の横の空地に駐車しましょう。そこから西に向かう遊歩道があります。それを登りつめると露頭があり，その前に「中央構造線露頭の地」の案内板があります。ここでは和泉層群の南にある三波川結晶片岩類の破砕帯が 30 m にわたって露出しています。もとは 60 m はあったのですが，草木に覆われ，見えなくなっています（**図 2-8**）。破砕帯は N 80°E，50°N と東北東走向で北傾斜を示しています。破砕帯は，黒色の断層粘土や石墨片岩でもろく，雨水の浸食と風化をうけています。この構造線は，白亜紀から第四紀にかけて活動した活断層で，和泉層群と三波川帯とを分けています。

図 2-8 中央構造線の破砕帯

地点 B　大山谷川下流

地点 B は，大山谷川の下流です。「技の館」から東へ大規模農道を 1 300 m 進み，北に向かって町道を入ると高速道路の下を通ります。しばらく進むと神社があり，このあたりで車を止めましょう。道が狭いので他の通行の邪魔にならないように注意しましょう。ここから，谷に降りて露頭を見ていきます。ここから，北へ 1 km ほどは泥岩が出ています。泥岩は黒色で風化して細かく割れています。この泥岩からはアンモナイトやイノセラムスなどの動物化石や植物化石が発見されています。転石をよく観察してみなさんも化石を見つけましょう。

地点 C　北泉谷川沿い

地点 C は北泉谷川沿いにあります。「技の館」から北へ北泉谷川沿いに 600 m ほど進むと「青の洞門」の表示が出ています。そこから東へ小道を下りていくと川に出ます。橋を渡って川を上流へ進むと用水路が通る洞門が見えてきます。これが「青の洞門」です（**図 2-9**）。ここまでは風化した泥岩が露出していますが，洞門からは凝灰岩に変わります。泥岩の上位に凝灰岩がありま

40　Ⅱ．徳島県の地質めぐり

図 2-9 「青の洞門」の凝灰岩

す。凝灰岩は 10〜60 cm の層状で，細粒〜中粒の砂と火山灰が混ざり青白色をしています。まれに 5 mm ぐらいに緑色の火山噴出物が混ざっているところもあります。地層は N 80°W，65 N と西北西走向で北傾斜を示しています。凝灰岩はけい質化して硬いのでハンマーでたたくときには注意しましょう。また，厚さは 10 m 以上あり，場所によって凝灰岩をつくっている粒の大きさなどが違うのでよく観察しましょう。

地点 D　アーチダム対岸

　地点 D は，「青の洞門」から 2 km ほど上流にあるアーチダムの対岸の露頭です。ここでは和泉層群の中央部の砂岩の優勢な互層を見ます（図 2-10）。このあたりは向斜構造の軸部に近く，走向は南北，傾斜は 25°東になります。地点 C では走向が西向きであったのが北にいくに従い南北になり，もっと北にいくと東向きに変わります。この走向と傾斜の変化から軸が東に傾いた大きな向斜構造があることがわかります。この互層の砂岩は厚さ 20〜70 cm で泥岩は 5〜30 cm です。場所によっては 2 m の厚い砂岩や泥岩の優勢な互層の部分もあります。砂岩には級化や平行葉理などの堆積構造があり，底面には流痕や

図 2-10　和泉層群中央部の砂岩の優勢な互層

図 2-11　スランプ褶曲

荷重痕があります。流痕にはこの堆積物が東北東から流れてきたことを示しています。また，砂岩の上面でコダイアマモの化石が見つかるかもしれません。

〔**足をのばせば**〕 地図にはのっていませんが，北泉谷川をさらに上流へ進むと最初のヘアーピンカーブにさしかかります。そこから300mほど進んだところにある露頭では，泥岩の優勢な互層がスランプ褶曲しているのを見ることができます（**図2-11**）。この露頭ではそのほかにチャネル構造（削り込み）を示す厚さ2mの砂岩も見られます。また，厚さ1mの泥岩があるなど岩相がはげしく変化します。この場所は，夏は草が生い茂り，観察しにくいので注意しましょう。また，落石防止フェンスの内側なので安全に十分注意しましょう。

さらに，車を進めて尾根近くまでいくと視界が広がり，遠く吉野川まで見渡すことができます。河岸段丘などを見てみましょう。このあたりの道沿いは全面露頭となっていて，いろいろな互層や泥岩，砂岩，凝灰岩などを観察することができます。

2-3 土　　　　　成

阿讃ミュージアムコースの最後は土成町です。奥宮川内県立自然公園を中心に和泉層群の中央部を構成する岩石を観察しましょう。厚い砂岩の優勢な互層，凝灰岩，礫岩などを見ていきましょう。

まず，土成の「道の駅（もてなしの館）」をめざして車を進めましょう。このあたりは，交通機関がないので自家用車を利用しましょう。

〔**みどころ**〕

① 中村では，和泉層群の南部に出てくる泥岩と泥岩の優勢な互層をきる小さい断層を観察しましょう。（**図2-12**地点A）。

② 見坂のがけでは，砂岩の優勢な互層をきる断層を観察することができます。安全に多くの人数でも観察できるので授業での地層の観察には最適の場所です（地点B）。

③ 見坂の採石場では，向斜構造の軸近くの厚い砂岩や砂岩の優勢な互層，凝灰岩を見ることができます。そのほか堆積構造や断層を観察することができます（地点C）。

④ ダムのまわりの遊歩道では，砂岩の優勢な互層が見られます。この互層に

42　II．徳島県の地質めぐり

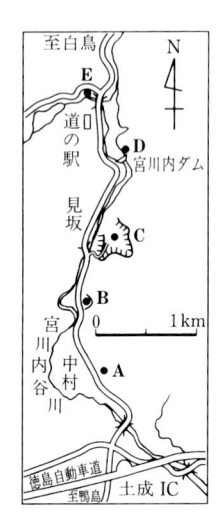

図 2-12 土成付近のルート図

は級化などの内部堆積構造があり，砂岩の底面では生物が這った痕である生痕化石が見つかるかもしれません（地点 D）。

⑤　ダム湖のほとりでは互層の中に挟まれる礫岩を観察しましょう。和泉層群の中で礫岩はめずらしく，ここは大きな礫を含んでいます。礫になっている岩石の種類を調べてみましょう（地点 E）。

〔**交通**〕　JR 鴨島駅から，自動車で 20 分で道の駅「もてなしの館」に着きます。

〔**地図**〕　2 万 5 千分の 1 「市場」

〔**注意**〕　採石場を見学するときは必ず事務所に許可を得ましょう。また，大型車が出入りしているので交通事故に遭わないように注意しましょう。公園内で観察するときは，他の観光客の迷惑にならないように気をつけましょう。

地点 A　中村

　ここでは，和泉層群の南部に出てくる泥岩と泥岩の優勢な互層，それをきる小さい断層を観察することができます。暗灰色の泥岩は，部分的に厚さ 5～15 cm の細粒の砂岩と互層になっています。互層は N 40°W, 20°N と北西走向で北傾斜を示しています。この露頭の中央には小さな断層があり，互層がずれているのがわかります。この断層は N 80°W, 30°N と西北西走向で北傾斜で

す。中央構造線の近くでは、構造線とよく似た傾向を示す断層が発達しています。夏場は前の空地に、背の高い草が生えているので見過ごさないように気をつけましょう。

地点 B 中村北

中村から北に進むと右側に高さ 10 m ほどのがけがあります。ここが地点 B で全体に砂岩の優勢な互層でできています（**図 2-13**）。この互層は厚さ 20～100 cm の砂岩と厚さ 5～30 cm の泥岩でできています。砂岩には級化や平行葉理などの内部堆積構造があり、底面には荷重痕がついています。互層は N 10°W、20°N と走向は北北西で北傾斜を示しています。このあたりは和泉層群の向斜構造の南側で、地層は少し西に向いています。これから、北へ行くに従い、北向きになり、向斜構造の軸の北側では、走向は東向きに変わります。このがけの中央には、幅 1 m の破砕帯を伴う断層があります。破砕帯は黒色の断層粘土や砕かれた砂岩でできていて、雨水に浸食されています。断層の走向は N 50°E、70°S と北東走向で南傾斜を示しています。この露頭は安全に多くの人数でも見学できるので、地層の学習には最適です。

図 2-13 砂岩の優勢な互層と断層   **図 2-14** 見坂の採石場

地点 C 見坂採石場

ここでは高さ 130 m にわたって山を切り崩しています（**図 2-14**）。まず、事務所によって見学の許可をもらいましょう。絶えずダンプカーが出入りしているので気をつけましょう。ここでは砂岩と泥岩のいろいろなタイプの互層、成層砂岩、泥岩、凝灰岩を見ることができます。大きく分けると採石場の下部は 1～2 m に成層した砂岩と砂岩の優勢な互層でできています。一か所厚さ 1 m ぐらいの泥岩を挟みます。この砂岩では、級化、葉理、流痕、荷重痕などの堆積構造がみられます。厚い砂岩の下は 1～2 mm の砂粒ですが、上にいくに従

って細かくなり最後に泥に変わっているのがよくわかります。これが級化です。

また，砂の粒が平行に並んでいたり，少し交差するように並んでいる模様が砂岩についていることがあります。これが葉理で，地層が混濁流によって運ばれて堆積したときにできたものです。砂岩をよく見るとコダイアマモの化石が見つかるかもしれません。地層は N 10°〜20° W，30° N と北北西走向で北傾斜を示しています。上部は泥岩の優勢な互層があり，その上に凝灰岩が堆積しています。凝灰岩は成層していて砂質，緑白色で，葉理や緑色の火山噴出物も見られます（**図 2-15**）。この凝灰岩を正断層が切っているのも観察しましょう。

図 2-15 凝 灰 岩

図 2-16 ダムの北側の砂岩の優勢な互層

地点 D　奥宮川内自然公園

奥宮川内自然公園のダムの北側が地点 D です。ここではおもに砂岩の優勢な互層が見られます（**図 2-16**）。厚さ 20〜200 cm の砂岩と厚さ 5〜20 cm の泥岩が交互に堆積しています。砂岩には，級化や葉理などの堆積構造があり，底面には，流痕や荷重痕があります（**図 2-17**）。生痕もよくさがすと見つかりま

図 2-17 砂岩の底の流痕

図 2-18 和泉層群中央部の礫岩

す。地層は N 20°E, 20°S と北北東走向で南傾斜になっています。地点 B, C と比べると向きが東に変わり, 向斜構造の軸を通り過ぎ, 北側に来たことがわかります。地点 E では, もっと東向きに走向が変わります。

地点 E　礫岩

地点 E では, 砂岩の優勢な互層の中に挟まれた礫岩を観察しましょう。和泉層群の中央部では礫岩はめずらしく, ここでは特に大きな礫を見ることができます (図 2-18)。大きさは小石〜握りこぶしぐらいの礫が多く, まれに直径 30 cm ほどのものもあります。礫の種類は, 火成岩, チャート, 砂岩などで結晶片岩はありません。このことから白亜紀にどんな岩石でできた陸地があったかを想像することができます。季節によってはダムの水量が増しているので, 水の少ない冬場のほうが観察に適しています。このあたりの地層は N 60°E, 30°S と北東走向で南傾斜に変わってきています。

（森永　　宏）

3. 土柱・うだつコース

このコースでは，吉野川北岸に広く分布している第四紀の地層，中央構造線を中心に紹介したいと思います。土柱(どちゅう)や脇町のうだつを見学するときに立ち寄ってみて下さい。案内図を **図 3-1** に示します。

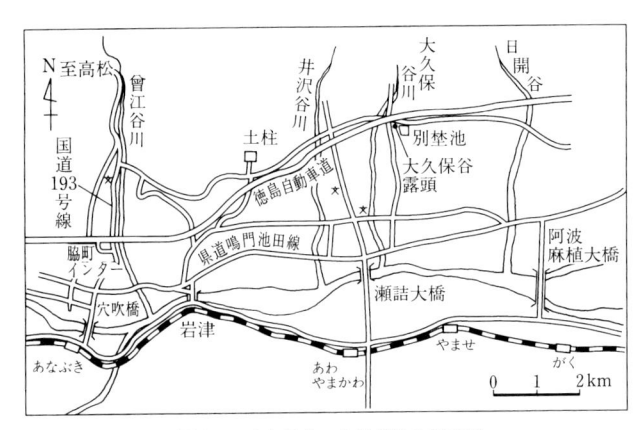

図 3-1 大久保谷，土柱付近の案内図

3-1 大 久 保 谷

〔みどころ〕

① 断層の様子を観察しましょう。
② 火山灰層の様子を観察しましょう。そして，サンプリングもしてみましょう。
③ 礫(れき)の水平方向の条線の様子を観察する。

〔**交通**〕 JR 学(がく)駅より市場バスで土柱行きに乗り久千田で下車，北へ徒歩15分です。しかし，1日2往復しかないので自家用車か，JR 阿波山川駅からタクシーが便利でしょう。

〔**地図**〕 2万5千分の1「西赤谷」，5万分の1「脇町」，「川島」

本露頭の北部には，土柱層をきる断層が見られます。これは，中央構造線活

断層系の父尾断層といわれています。中央構造線は、地形にその影響がよく現れいろいろな地形変異が阿讃山脈南麓にあります。しかし、露頭として観察できる所は、非常に少なく、中央構造線活断層系の中で露頭として観察するには最もよい露頭の一つです。

この断層のそばの礫には、水平方向の条線が認められることが多く、断層の横ずれ成分が卓越していることがわかります。この火山灰層は、「井手口（大久保谷）火山灰層」とよばれ今から100万年前に噴出されたものといわれています（図3-2）。層厚は30〜80cmで白色をしている。本露頭では、採集できにくいですが、露頭の南側の坂道を上がったところで採集できます。顕微鏡下で観察すると火山ガラスが多く見られます。

図 3-2 大久保谷露頭

現在、県内にいくつかの火山灰が報告されています。その大部分は、2万2千年前に姶良カルデラから噴出した姶良Tn火山灰と6千3百年前に鬼界カルデラから噴出した鬼界アカホヤ火山灰の2種類です。この露頭の火山灰のように古い火山灰は、数種類の報告しかありません。そして、そのうちのほとんどは、もう採集ができなくなっています。その意味で、この火山灰は、非常に貴重なものです。

この火山灰を採集するときに、火山灰層の硬さ・締り具合を感覚で記憶しておいてください。経験を重ねると地層の締り具合によって地層のできた時代が少しわかってくると思います。もし、機会があれば、前述の姶良Tn火山灰、鬼界アカホヤ火山灰と比較してみてください。まったく違うことがわかると思います。

〔**発展**〕 火山灰の観察の仕方

そのまま見ても，粘土やシルトが付着しているのでうまく観察できません。古い茶碗に火山灰と水を少し入れて親指で茶碗に火山灰をこすりつけながら水洗いを数回行い，乾燥させて30倍くらいで観察してください。美しい火山ガラスが観察できます。

〔**注意**〕 火山灰の採集は，貴重なものですので必要最少限にしてください。

3-2 土　　　　　柱

土柱をつくっている礫層のできた時代についての考え方が，近年大きく変わりました。以前は2～3万年前といわれていましたが，最近の時代測定の進歩によって100～130万年前という説が有力となっています。

〔**みどころ**〕

① 正面の展望台から土柱の全容を観察してください。
② 礫の層とシルト層の様子を観察しましょう。
③ 礫の形，礫の大きさも観察しましょう。

〔**交通**〕 JR学駅より市場バスで土柱行きに乗り土柱で下車，徒歩5分です。しかし，1日2往復しかないので自家用車か，JR山川駅からタクシーが便利でしょう。

〔**地図**〕 2万5千分の1「西赤谷」，5万分の1「脇町」

土柱は，国の天然記念物に指定されています。雨水の侵食作用によって土柱を生じたとされています。現在，一般によく知られているのは千帽子山（せんぼうしざん）（170m）の南東にある波濤嶽（はとうだけ）です（**図3-3**）。このほかに高歩頂山（たかぶっちょうざん）（200m）の南

図3-3　土柱（波濤嶽）

東に橘　嶽，扇子嶽，円山（170 m）の南東にも灯籠嶽，不老嶽，莚　嶽，の諸嶽，三山六嶽が東西に散在しています。これらの土柱に共通することは，どれも沢の西向き斜面にあることです。なぜ西向き斜面にできたかについては，諸説があります。そのうちの一つに北西の季節風の影響によるという説があります。そのほか，土柱をつくっている礫層の基盤は，和泉層群の地層でできていますが，その和泉層群は，土柱付近では，走向が北西で傾斜が北東方向にあるため，沢の東側斜面は流れ盤であり，沢の西側斜面は受け盤であるために生じたという説などがあります。土柱をつくっている地層は土柱層とよばれています。礫が中心で粘土，シルト，砂を挟んでいます。

土柱の模式断面図を図 3-4 に示します。

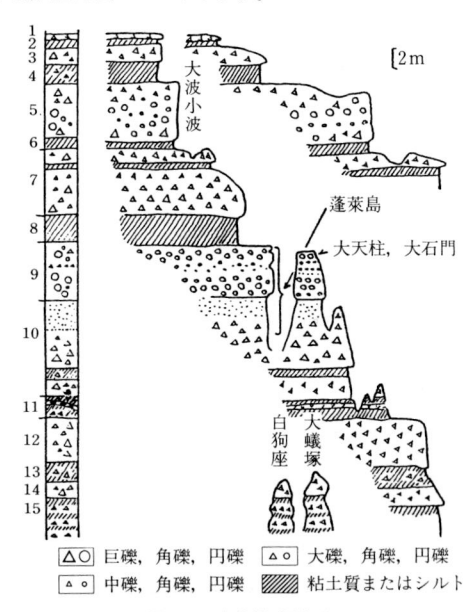

図 3-4　土柱模式断面図

土柱層の植物化石の炭素同位元素による絶対年代測定によって 28 400 年の値が出ていました。しかし，近年の年代測定の発達によって，展望所から正面に見える土柱の火山灰層のジルコンという鉱物から 130 万年という値が発表されています。この火山灰層は，土柱火山灰層とよばれ，厚さ 40～100 cm 程度

で大部分が火山ガラスからなります。この土柱火山灰は，大阪層群のピンク火山灰層，上総層群のO7火山灰層に対比され噴出源は，現在地表では噴出源に対応する火口地形やカルデラは見つかっていませんが，大分県九重火山北方の九重町獅子牟田付近に獅子牟田カルデラが想定されています。この獅子牟田カルデラからは，耶馬渓火砕流堆積物が噴出したとされています。この耶馬渓火砕流堆積物は，熊本県にまたがる広大な地域に広がり，中九州では最大規模の堆積物の一つであり年代測定を行うと約100万年の値が出ています。したがって土柱を構成している堆積物は約100～130万年前に堆積したと考えられています。

〔注意〕 谷へ下りて，柱の間に入って観察するときは，上からの落石に注意してください。

3-3 馬　　　　木

馬木付近の案内図を**図 3-5** に示します。

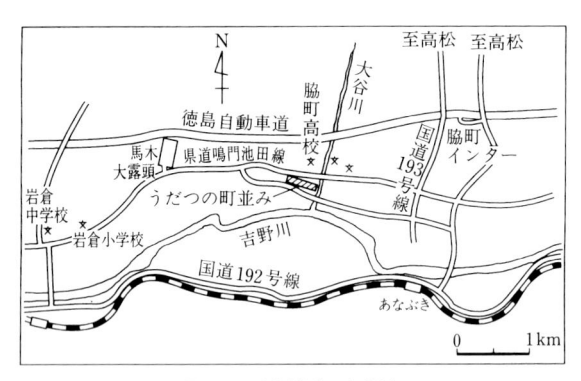

図 3-5 馬木付近の案内図

県道鳴門-池田線沿いに採石場の大きな露頭があります。

〔**みどころ**〕

① 礫の層とシルト層の様子

② 礫の種類，礫の形，礫の大きさ

③ 植物化石採集

〔**交通**〕 JR 穴吹駅下車，西部バス馬木前 1 分

3. 土柱・うだつコース

〔**地図**〕 2万5千分の1「西赤谷」，5万分の1「脇町」

〔**解説**〕 吉野川北岸の段丘を構成している礫は，大きく分けて本流型礫層と扇状地型礫層に分けられます。

扇状地型礫層は，一般に開析扇状地面のほとんどすべてを構成しており，和泉層群に由来する砂岩・泥岩・凝灰岩の礫とその間を満たす充てん物からなります。礫は，角礫(かくれき)ないし亜角礫(あかくれき)です。この礫層は，阿讃山脈を南流する古吉野川支流が運搬・堆積した旧扇状地堆積物です。

本流型礫層は，一般に扇状地型礫層の下位にあり，吉野川沿いの段丘崖(だんきゅうがい)下端に露出する。粗粒砂を基質として淘汰の比較的よい結晶片岩の礫を多く含む円礫層です。その層厚は，場所により一定しません。古吉野川の氾濫源(はんらんげん)堆積物です。

ここの露頭では，これらの本流性礫層と扇状地性礫層がよく観察できます(**図 3-6**)。下位から約5mくらいは本流性礫層が見られます。さらにその上部には約7m程度のシルト・粘土層があり，その上部には扇状地性礫層が約30〜50mのっています。そして，このシルト・粘土層の中から保存状態のよい多数の植物化石が産出しました(**図 3-7**)。

図 3-6 礫層の様子

以下この化石について述べます。これはヒメバラモミの球果とオニグルミの核果です。ヒメバラモミの球果は，長さ2.0cmから4.9cm，幅1.3cmから2.0cmの大きさです。ヒメバラモミは，本来もっと低温の地域に生息しているものです。したがってこのシルト層が堆積した当時は，現在よりも気温が低かったと考えられます。このように，堆積した当時の自然環境がわかる化石を示相(しそう)化石といいます。

オニグルミの
核果

ヒメバラモミの
球果

図 3-7 シルト層から産出した植物化石

〔**注意**〕 この採石場は，岩倉中学校南の若進産業さんの所有地なので見学や化石の採集の際には許可をとってください。また，非常に大きな露頭なので，上方からの礫の落下には十分注意してください。

(森江　孝志)

4. 池田コース

　吉野川の北岸に沿って池田町に向かうコースです。ここも土柱うだつコースに続いて河岸段丘や中央構造線について紹介します。

4-1　鎧　　　　嶽

　徳島自動車道美馬インターの近くに「美馬の土柱」とよばれる鎧嶽(よろいだけ)があります（図4-1）。

図4-1　鎧　嶽　全　景

〔みどころ〕
① 遠くから切り立ったがけの様子を観察してください。阿波町にある土柱のような柱がなん本かあると思います。
② 少し近づいて，切り立ったがけをつくっている礫の形や大きさを観察してみてください。阿波町にある土柱をつくっている礫との違いがわかると思います。
③ がけの下の部分を見てください。和泉層群の砂岩が観察できます。どうして，礫層の下に出てきたかを考えてください。
④ 鍋倉谷(なべくろ)に下りて，沢沿いを北に歩いてみてください。和泉層群の砂岩・泥岩が見られます。しかし，その砂岩・泥岩は著しく破砕を受けています。これは，中央構造線の断層系の一部と考えられます。

〔**交通**〕　JR貞光駅より美馬観光バス美馬温泉行きに乗り，井川で下車して北に徒歩で15分です。バスの本数が少ないので注意してください。車の場合は，徳島自動車道美馬インターから2分です。

54　II．徳島県の地質めぐり

〔**地図**〕　2万5千分の1の「貞光」，5万分の1の「脇町」

〔**注意**〕　草が繁っていると思いますので，露頭に近づくのはできるだけ草の少ない晩秋から春先がいいと思います。また，落石には十分注意してください。

〔**観察**〕　鎧嶽と阿波町にある土柱のちがいは，いくつかあると思いますが，そのうちの一つは礫の形にあります。阿波町の土柱をつくっている礫は，丸みをおびている礫が多いですが，鎧嶽の礫は角ばっていて丸みをおびていません。礫は，川を流れると角がとれ，しだいにまるくなっていきます。だから，鎧嶽の礫は，もともとこの近くにあったものであまり遠くから運ばれてきていないということがわかります。実際に鎧嶽のすぐ北には和泉層群の岩盤が露出しています。そして，砂岩・泥岩は著しく破砕を受けています。鎧嶽の礫は，この破砕を受けた砂岩・泥岩が堆積したものと考えられます。そして，この破砕帯は，中央構造線の断層系の一部であると考えられます。この露頭のすぐ北を中央構造線が左横ずれの動きをしたと思われる地形が，池の浦というこの露頭のすぐ東の段丘で観察できます。

　つぎに，礫が堆積した時代です。礫層の間にシルト層が何枚か挟まっています。その，シルト層はよく締まっています。また，この礫層の最下部から火山灰質のシルト層が見つかりました。その火山灰は，角閃石（かくせんせき）を多く含んでいまし

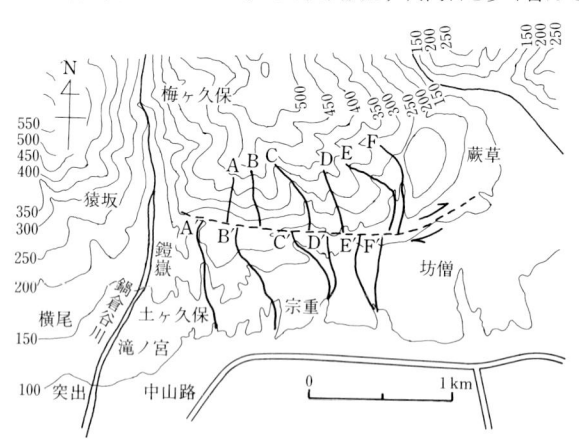

図 4-2　鎧嶽周辺の中央構造線

た。このような火山灰は，更新世中期（約13万年前）より以前のものと思われます。したがって鎧嶽をつくっている礫層は，少なくとも更新世中期以前に堆積したものと考えられます。

〔発展〕 これは，池の浦地域の地形図です（**図4-2**）。この図からわかるように山からの沢がきれて右にずれたことがよく地形に現れています。興味のある方は一度地点Cの沢を歩くことをお勧めします。C-C'の間で中央構造線の断層崖が観察できます。さらにCの沢を下ると前が池になりその前は小山です。中央構造線で土地が動いたことが実感できると思います。

(森江 孝志)

4-2 荒 川 断 層

沼田のバス停で降りると西側に四つ角があり，町指定天然記念物荒川断層の角柱があります。この四つ角から北へ10分ほど歩き，高速道路をくぐると，すぐ右側に大きな露頭があります（**図4-3**）。露頭の上部は褐色の和泉層群で，中下部は泥炭層やシルトを含む礫層です。この露頭は元徳島大学の須鎗教授によって初めて紹介され，荒川衝上と命名されました。

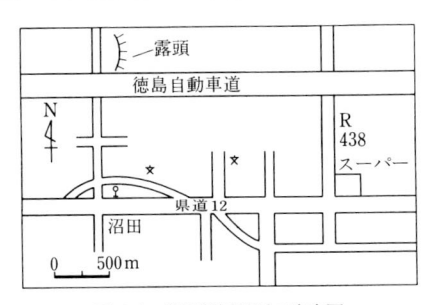

図4-3 荒川断層付近の案内図

〔みどころ〕

① 露頭の入り口付近に説明用の看板があるので参考にしてください。地層は古いものほど下にあるのが普通ですが，ここでは古い地層（和泉層群）が新しい地層（土柱層）の上にのっています。

② この露頭でみられる礫層は（土柱層）は，角礫を多く含み，数cmから数十cmと大きさはさまざまですが，そのほとんどが砂岩です。

③ 草などのかげにかくれてわかりにくいのですが，注意して見ると礫層の中に泥炭層やシルト層が見えます。低い位置にあるものは採取してみましょう。

〔交通〕 徳島西部交通沼田バス停から徒歩10分。徳島自動車道美馬インターから県道12号線に出て右折，そのまま直進し沼田バス停付近の四つ角を右折。インターからの所要時間約5分。

〔地図〕 2万5千分の1「貞光」，5万分の1「脇町」

〔観察〕 この大露頭は高さ約40m，南北幅250mにも及びます。まず下部の土柱層から観察を始めましょう。この土柱層の礫は和泉層群起源の砂岩・泥岩からなり，中〜大礫を主体とします。したがって阿讃山脈から南流する古吉野川支流によって形成された扇状地形堆積物です。また，よく観察すると土柱層の中に断層が2〜3本あります。

つぎに露頭上部の和泉層群は約7000万年前の地層で，阿讃山脈の主体を形成しています。タービダイト起源の砂岩と泥岩の互層からなりますが，本地域では厚さ数cmから数十cmの砂岩と，数cm未満の泥岩からなる砂泥互層が多く見られます。下部の礫層との境界面は，露頭の北部で走向N 80°W，28°Nと西北西走向で北傾斜ですが，南部でE-W，6°Nと東西走向で北へ緩く傾いています。

この露頭は衝上断層（底角度の逆断層）として紹介されました（図4-4）。衝上とは衝き上がるという意味です。つまり古い地層が新しい地層の上に乗り上げた逆転現象と考えられたわけです。この衝上運動は礫層の堆積より後ということになりますから，かなり新しい運動として注目されました。また北側が隆起するということは，中央構造線の活動が，水平成分より垂直成分のほうが大きいという説の根拠の一つになっています。また，この露頭は衝上断層でな

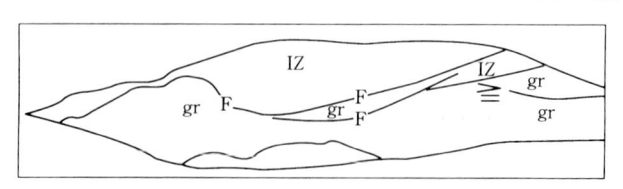

IZ：和泉層群，gr：礫岩，F：断層
図4-4 荒川断層の模式スケッチ

く，北方からの地滑り堆積物であるという説もあります。

〔**発展**〕 中野谷川を挟んで西の吉水地区もこのように土柱層に和泉層群が衝上している地質構造になっています。観察してみて下さい。

荒川の露頭から約2km西方の美馬町中上の大露頭では，厚さ約20mの本流型礫層の上位にあるシルト層は，火山灰を含んでいて輝石や角閃石が観察できます。この火山灰は約100万年前にできたことがわかっています。

美馬町の和泉層群からは，アンモナイトやコダイアマモなどの化石が多く発見されています。

(河野　通之)

4-3 運 動 公 園

徳島自動車道の建設に伴って新しい露頭がたくさんできました。ここは，徳島自動車道に盛土をするために山腹を切り取ったところです。工事をしているときに見学させてもらうと多くの興味ある露頭が見えます。周辺の地形とあわせて紹介します（**図4-5**）。

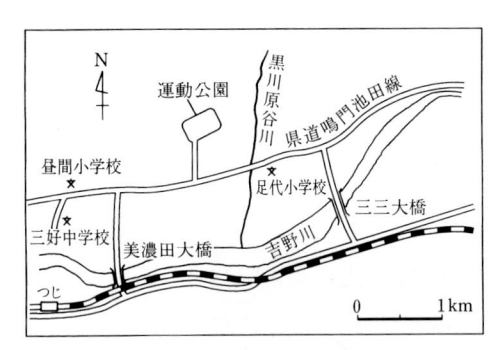

図4-5　運動公園付近案内図

〔**みどころ**〕
① 三好町は，河岸段丘が発達しています。特に，この公園周辺はわかりやすいと思います。平坦面が何段に区分できるかを考えてみて下さい。
② 和泉層群の砂岩・泥岩と段丘礫層の不整合
③ 運動公園入り口付近の正断層

④ 阿蘇4火山灰層

〔**地図**〕 2万5千分の1「辻」，5万分の1「池田」

〔**解説**〕 この運動公園は，工事の前は地形図からみると段丘が2段あったと考えられます。その段丘の様子は西のほうに続いているので確認してみて下さい。三好町の段丘を調査してみると，まず基盤となる和泉層群の岩石の上に結晶片岩の礫を含む本流性礫があり，その上に砂岩・泥岩の礫からなる吉野川の支流が運搬堆積した扇状地性の礫が堆積しています。この公園の中ではそのような堆積の様子が2段あります。このようなことからも段丘が2段あったことがわかります。その段丘がいつできたかが最近わかりました。それは，段丘の中に火山灰が発見できたからです。その火山灰は，ここの地名から長手テフラと名がついています。長手テフラはいまから7～9万年前に阿蘇山から飛来したと考えられています。このときの火山活動は，北海道でも15 cmの火山灰層を積もらせるほど，阿蘇山の火山活動の中では最大のものです。この火山活動のあと阿蘇山は，現在のようにカルデラをもつ複式火山になったといわれています。この火山灰層は，北海道や東北地方でも見つかっているのに四国地方や山陽地方では今まで見つかっていませんでした。

したがって阿蘇山の火山活動を研究するうえでも，また，この吉野川の河岸段丘を研究するためにも非常に貴重なものです。

ここの露頭では，和泉層群の砂岩・泥岩の上に段丘礫層が堆積しているのが観察できます（図4-6）。このような地層の重なり方を不整合といいます。

図4-6 和泉層群と段丘礫層の不整合

運動公園の入り口付近に断層があります。断層には，正断層，逆断層，横ずれ断層などがあります（I編図I-17参照）。ここで観察できる断層は正断層です。だから，両側になにかの力で引っ張られたことがわかります。そして，こ

の断層は,和泉層群の上の段丘礫層から断層がどれだけずれているかがわかります。

(森江　孝志)

4-4　中央構造線露頭

箸蔵(はしくら)小学校前のバス停を降りると鮎苦谷川(あいくるしだに)にかかる箸蔵橋が見えます。橋の上から上流側を眺めると,川の左岸(東側)に緑灰色の断層粘土層が見られます。消防小屋の裏の道から川原に下りることができるので,川に入ってじっくり観察してみましょう。案内図を**図 4-7** に示します。

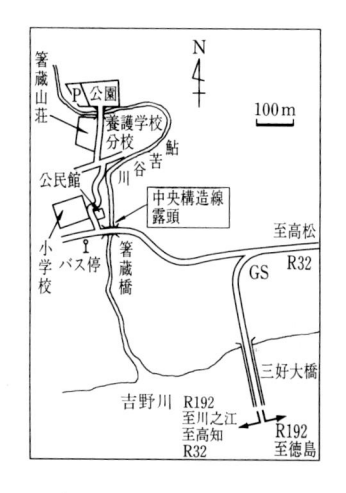

図 4-7　中央構造線案内図

〔みどころ〕

① 和泉層群の砂岩・泥岩が三波川結晶片岩と接して,差し違え構造が見られます。緑灰色の断層粘土は簡単に採取できます。

② まわりの地形と地図を合わせてみて,地形の変化から断層運動を推理してみましょう。

〔**交通**〕　JR 阿波池田駅前の四国交通バス乗り場から,池田ダム経由リフト前行き,または野呂内口行きで 15 分,箸蔵小学校前下車。行き 7 本,帰り 5 本ほどしかないので事前に時間の確認が必要です。自家用車なら,国道 32 号線三好大橋北の信号を西方に曲がり,300 m ほど箸蔵橋に出ます。

〔**地図**〕　2 万 5 千分の 1 の「阿波池田」,5 万分の 1 の「池田」

〔**注意**〕 近くで観察するには川から見る必要があります。川の水量はそれほど多くないので，夏はサンダル，冬は長ぐつがあれば十分です。ただし降雨があるとすぐ水量が増し流れが早くなるので注意が必要です。

〔**説明**〕 中央構造線は，本県では鳴門市から池田町にかけて阿讃山脈南麓を東西に走ります。本地域の中央構造線とは，三波川結晶片岩類と和泉層群（砂岩・頁岩）とを境にする断層と定義されていますが，広い意味では主断層およびそれと平行したり枝分かれしした副断層も含めて中央構造線（帯）とよばれています。本露頭では川の東岸に，緑灰色の断層粘土層をはじめ和泉層群の岩石と三波川結晶片岩が差し違い構造を現しているのが観察できます。これと同じことが，東方の三好町小川谷川の昼間橋の下流約100ｍの断層露頭（現在は確認できない）でも見られ，中央構造線が北側の上昇を含む右横ずれを主とした運動とされています。

10年ほど前には川の西側のがけ崩れにより，明瞭な断層露頭が見られたのですが（**図4-8**)，護岸ブロックで覆われて，現在では見られません。しかし，近年のうちに道路工事が予定されており，川の増水などで川岸が崩れることもあるため，新たな露頭が現れる可能性もあります。

図4-8 中央構造線の露頭

地形図と現地の地形とを合わせてみて下さい。川の西岸の低位段丘面は，この断層によってきられ北上がり変位を受けているのがわかります。また，川の侵食崖が食い違うことが右横ずれである根拠の一つにあげられています。このような，右横ずれ運動によって尾根がちぎれたり，川が屈曲した地形が中央構造線沿いには多く見られます。東岸も低位段丘面およびこの面を覆う扇状地面が北上がりの変位を受けています。

中央構造線付近には，それにほぼ平行して数本の断層群が存在しています。この地点から北方でもそれが見られます。橋の西側の信号を北方に進み，箸蔵

小学校，池田山荘を通り過ぎると箸蔵近隣公園に出ます。駐車場からは鮎苦谷川に沿って和泉層群の露頭が見られ，その中にも断層が見られるのであわせて観察するといいでしょう。

引用・参考文献

1. 東明省三（1984）：谷の埋積砂礫量から見た台地の浸食—「阿波の土柱」を例として，徳島県研修センター研究紀要第 65 集，pp. 63-74
2. 水野清秀（1996）：第四紀露頭集—日本のテフラ，日本第四紀学会第四紀露頭集編集委員会編，p. 289
3. 岡田篤正（1970）：吉野川流域の中央構造線の断層変位地形と断層運動速度，地理学評論，43 巻 1 号，pp. 1-21

(森本　誠司)

5. 徳島市コース

　徳島市の平野部の地下には沖積層・洪積層が，山地部には三波川帯・御荷鉾帯・秩父帯の岩石や地層が分布しています。ここでは城山，眉山，大神子，小神子海岸の観察をしましょう。城山は徳島市の中央に位置し，江戸時代に阿波藩主蜂須賀家の「徳島城」のあった標高61.7mの小さな山で，三波川帯の藍閃片岩がおもに見られます。縄文時代の遺跡や海食の跡も有名です。眉山は眉の形をした山で標高は282.9mです。周辺には遊歩道や登山道も整備されており，ハイキングコースとして市民に親しまれています（図5-1）。

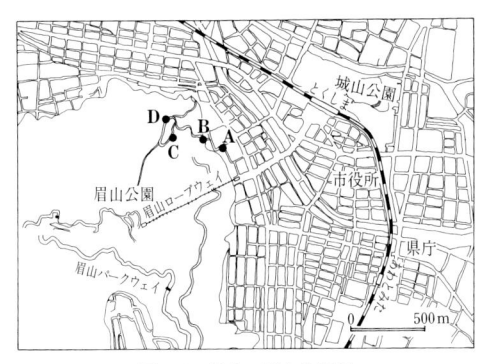

図5-1　城山・眉山位置図

　眉山には三波川帯の結晶片岩が分布しており，日本の地質学の先駆者である小藤文次郎によって世界に初めて紹介されて（1887）以来，多くの研究者により調べられてきました。変成岩でも紅れん片岩や藍閃片岩を産することで世界的に知られています。三波川帯は曹長石の結晶の斑点が見える点紋片岩帯と曹長石の斑点の見えない無点紋片岩帯に分りられています。眉山では北側が点紋帯，南側が無点紋帯になります。眉山で紹介するのは大滝山滝の紅れん片岩とざくろ石です。大神子は遊園地，運動公園，海岸沿い遊歩道も整備され，休日には家族づれでにぎわっています。大神子・小神子で見られる岩石は無点紋帯の結晶片岩です。

〔みどころ〕

① 磁鉄鉱，ざくろ石の結晶が採集できます。
② 塩基性岩，紅れん片岩，藍閃片岩が観察できます。
③ 海食洞や海食台などの波の侵食地形が観察できます。

〔地図〕 2万5千分の1「徳島」，5万分の1「徳島」

〔交通〕 城山は徳島駅の北にあり徒歩5分，眉山登り口へは徳島駅より徒歩15分。大神子へは徳島駅前より大神子行きバスで約20分で着きます。小神子へは小松島市営バス「小神子」方面行きで約30分ほどかかります。

5-1 城　　　　山

徳島駅の東にこんもりと木々の茂った城山があります。周辺を含めて徳島公園とよばれ，市民の憩いの場となっています（図5-2）。城山は広葉樹林が手つかずで残され，「城山の原生林」として大切に守られています。城山の岩石は三波川帯に属し，結晶片岩を観察することができます。

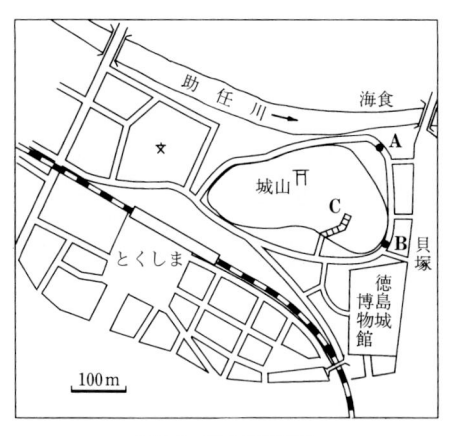

図5-2　城山の案内図

貝塚や海食洞があり城山の近くまで海が入り込んでいたことがわかります。この地域の生い立ちを考えながら，散策してみましょう。

〔**みどころ**〕
① 城山を作っている岩石の様子を調べましょう。
② 海食痕を観察して，これがどのようにしてできたかを類推してみましょ

う。

〔**交通**〕 徳島駅から徒歩5分。

〔**地図**〕 2万5千分の1「徳島」

〔**注意**〕 城山の原生林は保護されています。林の中に入って観察することはできません。決められた道から岩石の観察をしましょう。

地点A 海食痕

内町小学校の前を通り，左に折れて山に沿って歩いてみましょう。川沿いの露出した岩石は苔におおわれて見えにくいのですが，らん閃石という結晶を含む変成岩を観察することができます。池のところでは大きな石を見ましょう。小さなくぼみがたくさんあります。これは昔，海水がここまで入り込んでできたものです。

地点B 貝塚

今から5 000～6 000年前（縄文時代早期～前期），このあたりは海岸だったと考えられています。そのすぐそばに貝塚が見られます（**図5-3**，**図5-4**）。

図5-3 海 食 痕 　　　　図5-4 貝　　塚

地点C 城山神社

記念塔を過ぎたところにある神社への段階を上がっていき，途中の岩石を観察してみましょう。あちらこちらに大きな岩石を見ることができ，城山全体が硬い変成岩でできていることがわかります。

(松田　順子)

5-2　眉　　　　　山

地点A 錦竜水

徳島駅よりまっすぐ眉山に向かって歩くとロープウェーの乗車口あるビルの

下まできます。ここから山頂へは登ることができますが，ここでは登らず右へ折れ西に進みます。寺や墓の間の道を進むと本行寺の錦竜水という立て札が立っています。眉山からのわき水が出ているところです。昔から名泉として知られているところです。

　このまわりに使われている青石が点紋片岩です。曹長石の斑点が多く見られます。ここからさらに西に進み春日神社前を通り過ぎると滝薬師の登り口です。名物の焼き餅屋の横を通り石段をまっすぐ登ります（**図5-5**）。前のほこらが滝薬師です。このほこらのまわりの岩石が塩基性片岩です。この塩基性片岩の中には磁鉄鉱が含まれています。ここは「徳島の自然」(岩崎正夫編，1979) で紹介されている場所ですが，塩基性岩の表面は大気汚染の影響か少し黒ずんできています。しかし，磁鉄鉱の結晶は見つけることができます。ほこらの前の岩の表面をよく見ると小さな正四面体の結晶を見つけることができます。ここは信仰の場であり，いつもきれいに掃き清められているので岩石は採集できません。観察するだけにしておきましょう。

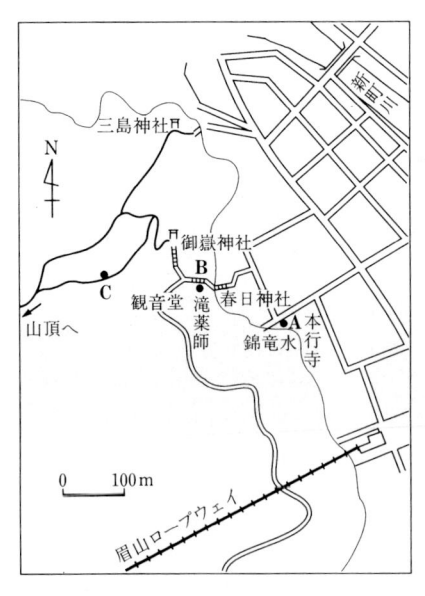

図5-5　眉山大滝山案内図

地点 B　滝薬師

　滝薬師からさらに右の石段を登ります。登り切ったところが観音堂です。観音堂の右の鳥居をくぐり階段を御嶽神社まで登りつめます。途中，階段横に見えたのは緑泥片岩です。神社手前の道を登っていきましょう。まっすぐ登っていくと眉山山頂ですが，途中標高100m付近の参道に白っぽい岩石が見えてきます。ハンマーで少したたいてみましょう。見た目とずいぶん違って新鮮な部分は青い色をしています。白いのは白雲母で，青いのは角閃石という鉱物が入っているためです。場所によれば，赤い紅れん石が入った部分もあります。岩石は新鮮で風化していないのを採集しますが，ここではほとんどが風化されやわらかくなっています。

　この付近の岩石をよく見てみると5mmほどの黒い粒が見られます。これがガーネット（ざくろ石）です。ガーネットは美しい半透明なものは宝石として用いられており，1月の誕生石です。ガーネットは斜方12面体（菱形の面を12枚もつ）をしています。持ち帰って洗ってみるとやや緑または黄色に近い色をしています。ガーネットはまわりの鉱物より風化に強いため岩石をハンマーでたたいて出さなくても付近に転がっていることがあります。この付近の岩石には磁鉄鉱も入っており，協力な磁石をもっていけば鉄とガーネットをいっしょに採集することもできます（**図5-6**）。また，家に岩石を持って帰ってハンマーで細かく砕いてみましょう。磁石でたくさん鉱物が集められます。

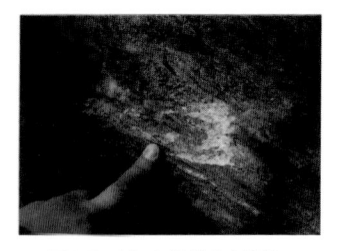

図5-6　ざくろ石産出状況　　　　図5-7　紅れん片岩産出状況

地点 C　登山道

　地点Bから少し登るとやや広いところに出ます。ここは下からの登山道との合流点になっています。右沿いの道を少し下りると紅れん片岩の露頭です。この登りの道沿いに紅れん片岩の露頭が連続して見られます。石段の左にかつ

て鉱石を掘った穴があり，穴の周囲の岩石は赤っぽくなっています。風化してないところは鮮やかな紅色をしています。この鮮やかな紅色の鉱物が紅れん石です（**図 5-7**）。ルーペで見るときれいな柱状の結晶が見られます。この付近の紅れん片岩が小藤文次郎によって世界で初めて報告されました。

5-3 大神子・小神子

図 5-8 に大神子・小神子の案内図を示します。

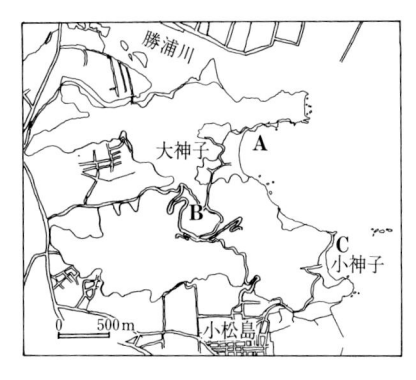

図 5-8 大神子・小神子案内図

地点 A 大神子海岸

海岸の石を拾ってみましょう。ほとんどの石が薄っぺらく長方形をしていますね。鳴門や県南の海岸の石を見慣れている人には奇妙に思えます。この海岸には川の流れ込みもなく，ほとんどの石はこの付近に露出する結晶片岩からもたらされています。真っ白な石は石英，赤いのは赤鉄鉱―石英片岩，青いのは塩基性片岩，黒く平らなのは泥質片岩です。この付近で見られる岩石は，曹長石の点紋が見られない無点紋帯の岩石です。大神子海岸の両端に見られる黒い岩石のほとんどは泥質片岩です。地層は EW，40°N と東西走向で北傾斜です。北側の遊歩道付近で見えるがけの色は黒ですがところどころ白い模様も見られます。白いところは砂質か凝灰岩質の部分です。砂質片岩と泥質片岩が交互に繰り返されている地層では級化構造も見られます。また，泥質片岩にはちりめん状の微褶曲がたくさん見られます。これは最初の変成時にできた変形構造です（**図 5-9**）。地層の間や割れ目に見える白い石は石英です。泥質片岩

図 5-9　泥質片岩の微褶曲　　　図 5-10　小神子海岸北

でも泥が多い部分は波による浸食を受けています。地点 A 付近では干潮の際には，海食台や小さな海食洞も見られます。

地点 B　日の峰スカイライン

大神子から日の峰スカイラインを小松島市方面に向かいます。途中地点 B 付近に石英片岩が見られます。自動車に気をつけて道路際の露頭を見てみましょう。表面を見る限り他の岩石と区別がつきませんが，ハンマーでたたいてみると赤い色をした紅れん片岩です。日の峰スカイラインを降り小学校の付近から東に曲がります。小神子という表示をみて港のやや狭い道を通り坂道を登ると，小神子の海岸が見えてきます。海岸まで下りて付近の石を見ると大神子の海岸に比べ，石英片岩や塩基性片岩の長細い小石が多いのに気づきます。薄っぺらい泥質片岩の礫はほとんど見られず石英片岩や塩基性片岩の礫がほとんどです。

地点 C　小神子海岸

小神子の北側の海岸に緑色をした塩基性片岩の露頭があります。干潮の際には，塩基性片岩が波によって侵食された海食台が見られます（**図 5-10**）。

引用・参考文献

1. 岩崎正夫編 (1979)：徳島の自然　地質 1，徳島市民双書，徳島市中央公民館，p. 279
2. 岩崎正夫 (1990)：徳島県地学図鑑，徳島新聞社，p. 319
3. 中川衷三編著 (1981)：徳島の自然　地質 2，徳島市民双書，徳島市中央公民館，p. 166

（橋本　寿夫）

6. 高越山コース

6-1 ふいご温泉

　高越山コースでは、三波川帯の点紋帯(曹長石の結晶を含み、高い変成を受けた地帯)の結晶片岩類を見ることができます。高越山は高さ1133mの山で、頂上には高越寺があり、その近くまで車で行くことができます。途中には、ふいご温泉、こうつの里、県立山川少年自然の家、船窪つつじ公園などがあり、行楽を兼ねて観察するには、最適のコースです。まず、山のふもとにあるふいご温泉の近くを見てまわりましょう。ここには高越鉱山の廃坑跡や紅れん片岩などがあります(**図6-1**)。

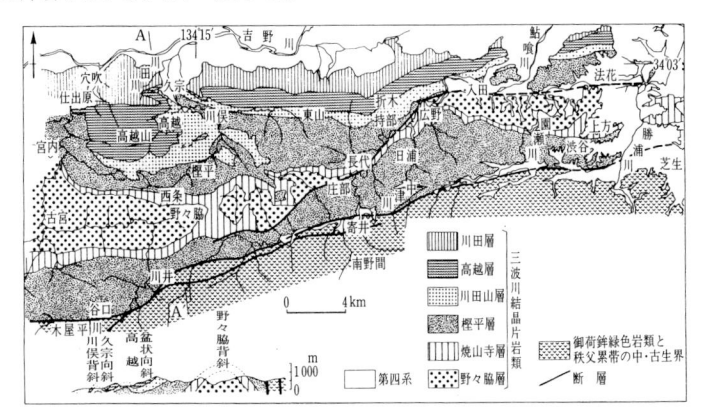

図6-1 高越山付近の三波川帯の地質図

〔**みどころ**〕

① ふいご温泉の近くでは、泥質片岩、紅れん片岩がみられます。また、川原では、黄鉄鉱や蛇紋岩などの岩石を採集することができます。(**図6-2**地点A)。

② ふいご橋から名越峡にかけては、泥質片岩から紅れん片岩、塩基性片岩と地層が変わっていく様子を観察しましょう。また、川田山坑のズリで鉱石を採集することもできます(地点B)。

70 Ⅱ．徳島県の地質めぐり

図 6-2 ふいご温泉付近のルート図

③ 高越大橋の南詰めの県道沿いでは，紅れん片岩と塩基性片岩が接しているところで見られる「焼け」を観察することができます（地点 C）。

④ 奥野井谷川の両岸では，緑色片岩とらん閃石片岩が互層になっている様子を観察しましょう。また，小さく褶曲した塩基性片岩も見ることができます（地点 D）。

〔交通〕 JR 山川駅から徒歩 40 分でふいご温泉に着きます。こうつの里や船窪つつじ公園へ行く場合は，自家用車を利用したほうが便利です。

〔地図〕 2 万 5 千分の 1「脇町」，「川島」

〔注意〕 川の中を歩くときはこけなどで石が滑りやすくなっているので気をつけましょう。

〔観察〕 観察を始める前にこの地域で見られる岩石について学習しましょう。

① 塩基性片岩：高越山には濃青色の藍閃石片岩が広く分布している。場所によっては青色の藍閃石片岩と緑色の緑色片岩が互層になっている。原岩は海底火山の噴出物である。

② 石英片岩：白色またはうすい緑色で石英がたくさん含まれているので硬い。紅れん石を含んでいる石英片岩は赤色で紅れん片岩とよばれる。

③ 泥質片岩：泥岩が変成をうけたもので黒色である。風化されやすく露頭で

は，もろく崩れやすい。微褶曲が発達している。
④ キースラーガー：層状含硫化鉄鉱鉱床といい，おもに黄鉄鉱で少し黄銅鉱を含む鉱床である。この鉱山ではおもに銅を採掘していた。

表 6-1 に高越-眉山地域の三波川帯構成岩類を示します。

表 6-1 高越-眉山地域の三波川帯構成岩類の層厚・岩相

地層名	層厚〔m〕	岩　　相	
川田層	200〜600以上	泥質片岩と緑色片岩の互層	点紋片岩
高越層	200〜1 000	緑色片岩（らん閃石片岩が多い）下位にキースラーガー	
川田山層	0〜500	上位にキースラーガー 緑色片岩（らん閃石片岩が多い）と泥質片岩の互層	
樫平層	約1 500	泥質片岩	無点紋片岩
焼山層	約200	泥質片岩と石英片岩の互層	
野々脇層	2 000以上	上部：泥質片岩と緑色片岩の互層 　　　（キースラーガーを含む） 下部：泥質片岩と砂質片の互層	

地点 A　ふいご温泉

　この温泉は近くの鉱山跡を泉源にし，緑ばん鉄泉で神経痛やリュウマチに効くそうです。入浴だけでもできるので調査の帰りに寄ってみてはいかがですか。まず，県道から温泉へ下りていく道沿いには泥質片岩が見られます。黒色で風化され，もろくなっています。つぎに，温泉の駐車場の入口の露頭をたたいてみましょう。硬い薄い紅色をした紅れん片岩であることがわかります。この紅れん片岩は，温泉対岸の大きな露頭に続いています。この露頭では，白色ないし緑白色の石英片岩に厚さ 20〜50 cm の紅れん片岩が数枚挟まれています（図 6-3）。片理面の走向は北 70°西で，傾斜は 50°北を示しています。つぎに川原で岩石を採集してみましょう。ここでは塩基性片岩や蛇紋岩，黄鉄鉱，黄銅鉱，石灰質片岩などを見つけることができます。

地点 B　ふいご橋

　温泉へ下りる道の途中に名越峡への標識が出ています。その脇道を下りてい

図 6-3　ふいご温泉北の紅れん片岩　　図 6-4　つり橋と紅れん片岩

くと道沿いに泥質片岩の露頭が続きます。しばらく歩くと「鞴橋」というつり橋に着きます。ここは，以前は「紅簾峡」とよばれていました。この橋脚の下をよく見ると大きな紅れん片岩でできています（図 6-4）。高さ 15 m，幅 8 m，奥行き 10 m の大きな露頭です。橋を渡ってすぐ右の小道を下りると用水路があり，そのトンネルの入口に新鮮な紅色の紅れん片岩が出ています。ここで新鮮な紅れん片岩を見ておきましょう。橋をもどり，さらに進むと名越峡に着きます。ここは塩基性片岩でできていて，おもに緑泥片岩を見ることができます。この連続した露頭から泥質片岩の上に塩基性片岩があり，その境に紅れん片岩があることがわかります。名越峡の広場の対岸をみると茶色に風化したズリがみえます。ズリとは川田山坑から掘り出された廃石で，帰りに立ち寄って鉱物を採集するとよいでしょう。

地点 C　高越大橋南詰め

高越大橋南詰めの県道沿いの曲がり角が地点 C です。ここでは，紅れん片岩と塩基性片岩が接しています（図 6-5）。向かって右側が白っぽい紅れん片岩で，左側が緑色の塩基性片岩です。この二つが接する部分が赤茶けたさびたような色になっています。これが「焼け」と言われ，ハンマーで割ってみると金色に輝く黄鉄鉱の粒が入っています。「焼け」を追跡するとキースラーガーである黄鉄鉱と黄銅鉱の鉱石に達します。紅れん片岩は鍵層となり，ふいご橋や温泉の露頭につながります。自分で地図に記入し，地層の連続性を考えてみましょう。この紅れん片岩までが下位の川田山層でこの塩基性片岩から上位の

図6-5 焼　　　け

高越層になり，山の頂上まで約1 000 mの厚さに塩基性片岩が堆積しています。

地点D　奥野井谷川川床

県道の奥野井谷川に沿って上流へ進むと皆瀬へ行く道の分岐点にさしかかります。この道を川のほうへ下りていきます。橋をすぎると川床に下りる道があります。この川床が地点Dです。ここでは高越層の塩基性片岩が観察できます。よく見ると濃い青色の藍閃石片岩と緑色の緑色片岩が互層になって褶曲しているのがわかります。片理の線構造の方向も計ってみましょう。川を渡るときに水に入るので滑らないように注意しましょう。

〔足をのばせば〕　高越大橋を渡らず，進むと美郷村に入ります。美郷村は，梅林や源氏ボタルが有名で，四季おりおりの自然を楽しむことができます。川俣の南には背斜構造があり，川俣までが点紋帯でそこから南には無点紋帯（曹長石の結晶を含まない）の結晶片岩が見られます。川俣付近の川床で砂質片岩や泥質片岩がどんなに変わったか観察しましょう。さらに南に進むと川俣から宗田南までは無点紋片岩，宗田南方から宮倉までは点紋片岩，宮倉から南までは再び無点紋片岩というように地層が繰り返しています。これは背斜，向斜の褶曲構造があるためです。地層の傾きを観察して，地図で背斜軸や向斜軸の位置を確かめてみましょう。中枝小学校の前の河床には，蛇紋岩が出ています。

6-2　こうつの里

高越山に向けてふいご温泉をさらに進むと「こうつの里」があります。ここにはバンガローもあり，キャンプができます。この奥には高越本坑があり，鉱業所事務所と選鉱場がありました。このあたりでは，坑口の見学や鉱石の採集

をし，山頂をめざしましょう。途中，県立山川少年自然の家，船窪つつじ公園を見ながら，厚さ1000m近く堆積した，塩基性片岩を見ていきましょう。

〔みどころ〕

① こうつの里の奥に高越鉱山の中心となっていた高越本坑の跡があります。坑口までは塩基性片岩の露頭が続いています（図6-6地点A）。

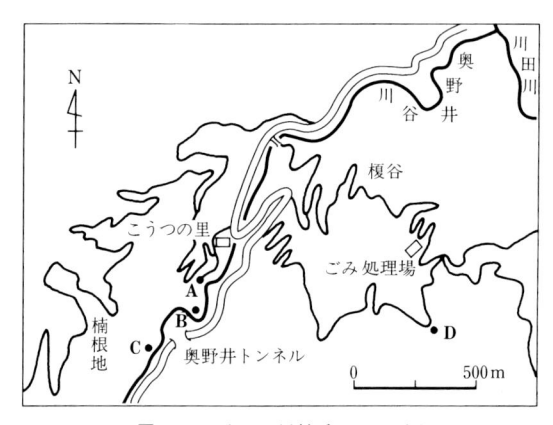

図6-6 こうつの里付近のルート図

② 奥野井トンネルの入口を川床におりると，ズリ（廃石）があり，ここで黄鉄鉱や黄銅鉱を採集しましょう。川床の露頭ではざくろ石を含むらん閃石片岩を観察しましょう（地点B）。

③ 奥野井トンネルをぬけると民家があり，その前の河床で転石を観察しましょう。ざくろ石や黄鉄鉱を含むらん閃石片岩や変成した枕状溶岩を見ることができます（地点C）。

④ この谷の入口では大粒ざくろ石を含む塩基性片岩を採集しましょう（地点D）。

〔交通〕 交通の便が悪いので自家用車を利用すると便利です。JR山川駅から自動車で10分でこうつの里に着きます。船窪つつじ公園へは，40分で着きます。

〔地図〕 2万5千分の1「脇町」，「阿波川井」

〔注意〕 山道沿いで観察する場合は，車に気をつけましょう。普段は人がいないのでスピードを出しています。

6. 高越山コース 75

地点A　こうつの里

駐車場に車をおいて坂道を登っていくと左側にバンガローがあります。バンガローのはしにトイレがあり，そこで道が二つに分かれています。右側の坂を登らずそのまままっすぐ進むと山側に露頭があります。ここから高越本坑の坑口までは，塩基性片岩の露頭が続きます。風化して色はわかりにくいのですが，新鮮な面を観察するとらん閃石片岩が多く，ところどころに緑色片岩も見られます。河床で見られるように互層になっているのかもしれません。

道は坑口まで通じ，坑道の入口は，今はコンクリートでふさがれ，入ることはできませんが，中からわき水が出ています（**図6-7**）。水の取出し口は硫化鉄などの影響で褐色に変わっています。この水を温泉に利用しています。高越鉱山は久宗，川田山など四つの鉱体に分かれ，それぞれに坑口があり，久宗から奥野井まで地下でつながっていました。すべての鉱体は塩基性片岩の中にあり，紅れん片岩を伴っています。

図6-7　高越鉱山の坑口跡　　**図6-8**　奥野井谷川沿いのズリ捨て場

地点B　高越鉱山ズリ

県道にもどり，さらに進むと奥野井トンネルがあります。その手前から川床に下ります。ここが地点Bです。ここでは鉱石の採集をします。下りる道沿いや対岸には茶褐色に変色した石がたくさんあります。これが高越鉱山で採掘されたズリ捨て場です（**図6-8**）。この中から黄鉄鉱，黄銅鉱，磁鉄鉱，赤鉄鉱などを採集できます。黄鉄鉱，黄銅鉱は硫化鉱物なので風化され，茶色になっています。できるだけ茶色の石を割ってキラキラ光る立方体で黄金色の黄鉄鉱とその間を埋める黄銅鉱を見つけましょう。磁鉄鉱と赤鉄鉱は黒色ですが，引っかいて粉の色が赤いのが赤鉄鉱です。磁鉄鉱は磁石にくっつきます。鉱石の採集が終わると川床の露頭を見てみましょう。ここをちょうど向斜軸が通っ

ているので，地層はほとんど水平になっています。ここのらん閃石片岩は赤いざくろ石を含んでいます。鉄を含んだざくろ石はらん閃石片岩の中で赤い小さい斑点に見えます。

地点 C　奥野井トンネル西

奥野井トンネルをぬけると地点 C です。左側に民家があり，その前に畑がありますが，これももとはズリ捨て場です。県道から川床に下りてみましょう。ここの塩基性片岩には黄鉄鉱の結晶が含まれています（**図 6-9**）。この対岸にも鉱床があり，含銅硫化鉄鉱を採掘していました。大きな転石では 2 mm ほどのざくろ石の結晶を含む塩基性片岩や枕状溶岩（まくらじょう）の構造を示すらん閃石片岩を見ることができます。枕状溶岩は海底に噴出した溶岩が枕のような形に固まり，堆積したものです。それが変成作用を受け，レンズ状に薄くなっています。黄緑色のレンズ状の模様のあるらん閃石片岩を探してみましょう。このような枕状の構造を残したらん閃石片岩は，奥野井谷川の上流だけで見ることができます。

地点 D　沢入口

県道から離れ，こうつの里から榎谷のごみ処理場に向かって進みます。処理場を過ぎると道が交差し，交差点を右に進むと沢を渡ります。この沢の入口が地点 D です。ここでは直径 1 cm ほどのざくろ石を含む塩基性片岩を採集することができます。この沢には角閃石片岩などのよい標本がたくさん落ちているのでよく探しましょう。

図 6-9　塩基性片岩中の黄鉄鉱の結晶　　図 6-10　層状のらん閃石片岩

〔足をのばせば〕　県道にもどり，山頂をめざしましょう。途中に見られる露頭はほとんどがらん閃石片岩です。大きな露頭で厚い層状のらん閃石片岩の片理面を計ると N 50°W，30°N と北西走向で北傾斜を示しています（**図 6-**

図 6-11 山川少年自然の家の
トリゴニア化石

図 6-12 船窪つつじ公園

10)。厚い塩基性片岩を見ながら,県立山川少年自然の家をめざしましょう。自然の家では,緑色片岩の石碑の後ろにあるトリゴニア(三角貝)の化石を見てみましょう。直径 80 cm ほどの砂岩にトリゴニアの化石がたくさんついています(図 6-11)。これは,勝浦川でとれた白亜紀の化石です。

自然の家からさらに自動車で 10 分ほど進むと船窪つつじ公園に着きます(図 6-12)。樹齢 300 年の大きなオンツツジが広く群生し,花をつけている様子はすばらしいものです。

(森永　宏)

7. 大歩危コース

　三好郡池田町から高知県との県境まで三波川帯の結晶片岩が見られます。吉野川沿いには吉野川の激流により磨かれた結晶片岩のすばらしい露頭がたくさんあります。特に大歩危・小歩危付近では切り立ったがけが多く、見る人の目を楽しませてくれます。ここで見られる結晶片岩は砂質片岩です。大歩危付近の地層名は小歩危層（剣山グループ，1984）です。結晶片岩は礫岩・砂岩・泥岩・チャート・石灰岩や火山岩が変成してできています。砂質片岩は砂岩が高圧の変成作用を受け変化してできました。

　大歩危・小歩危付近（**図 7-1，図 7-2**）にはこの砂質片岩が多く分布しています。結晶片岩は高圧の変成作用を受けたといいましたが，それでも堆積岩の特徴を残しているところもあります。大歩危ではこの残された堆積岩の性質も見つけてみましょう。また，小歩危層には礫が変成を受けた礫質片岩も限られた場所で見られます。これは，他の地域では見られない貴重なもので県指定の天然記念物となっています。大歩危・小歩危付近は全国的に有名な景勝地で毎年たくさんの人が訪れています。石の博物館「ラピス大歩危」は珍しい岩石や鉱物をそろえた必見の博物館です。

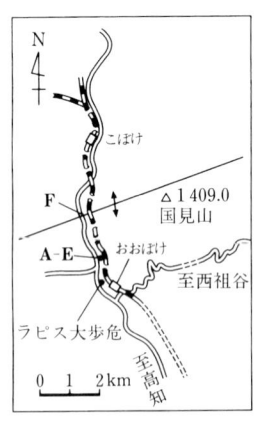

図 7-1　大歩危・小歩危付近の略図　　**図 7-2**　大歩危付近の略図

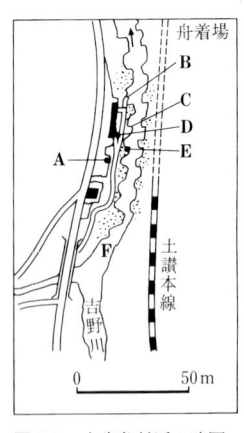

7. 大歩危コース　79

〔みどころ〕
① 小歩危層やその背斜構造を観察しましょう。
② 県指定天然記念物の礫質片岩の観察をしましょう。
③ 小歩危層の堆積構造を観察しましょう。

〔**交通**〕　車で徳島から約1時間40分。鉄道では大歩危へはJR大歩危駅下車徒歩10分。

〔**地図**〕　2万5千分の1「阿波川口」,「大歩危」

　まずは大歩危・小歩危の風景をじっくり味わってください。**図7-3**は小歩危付近から上流を見たものです。両側の山肌をV字型の峡谷をつくり吉野川が流れています。このような峡谷はどのようにしてできたのでしょうか。この渓谷は長い大地の歴史を反映しています。数百万年前，四国山地や阿讃山脈がまだ現在のような高さに隆起していないころ，吉野川は南から北の瀬戸内海まで直接流れていました。その後，阿讃山脈が急激に隆起したため，吉野川は池田付近から東に流れるようになりました。現在，四国山地の真ん中となっているこの付近も隆起しました。山地が高くなれば川は流れなくなるはずですが，吉野川はその隆起に打ち勝って流れ，その結果このような峡谷をつくりました。このように隆起に打ち勝って流れる川を先行河川（先行性横谷）といいます。吉野川の両岸の山頂から見れば吉野川の川底まで，約1 000 mも削られたことになります。

図7-3 小歩危付近より見た上流　　**図7-4** レストランの駐車場より見た岩肌

地点A　レストラン駐車場

　図7-2の地点Aは大歩危峡のまん中にあるレストランです。この駐車場か

ら対岸の岩肌を見てみましょう（**図7-4**）。三波川帯の結晶片岩の地層が見えます。南に傾いているのがわかりますか。大きな圧力がかかり変成岩となっていますが，もとは海底に堆積してできた堆積岩です。砂岩が変成した砂質片岩の部分と泥岩が変成した泥質片岩の部分では侵食に差が出ています。砂質片岩の部分は凸に，泥質片岩の部分は凹になっています。

地点B　舟着き場

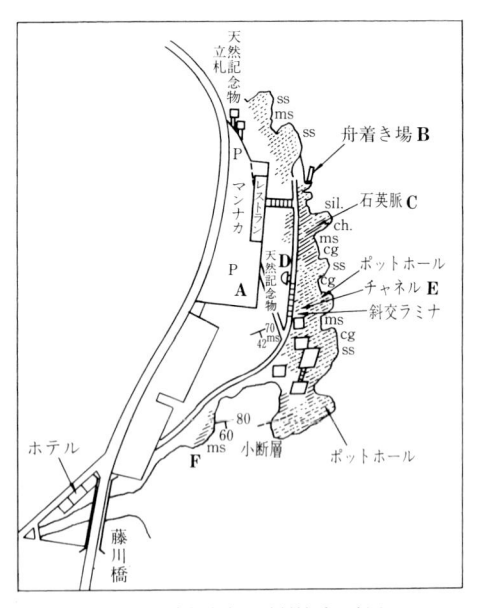

それではレストランの中を通り下へ降りてみましょう（**図7-5**）。この駐車場の下に川下の舟着き場があります（**図7-6**）。この舟着き場からは遊覧舟が出ています。この近くに「含礫片岩発祥の地」と書かれた石碑があります。この石碑にあるようにこの付近には三波川帯の礫を含む片岩つまり礫質片岩が見られます。国道沿いのレストラン駐車場北端に「県指定天然記念物　三名含礫片岩（きんみょうがんれきへんがん）」の立て札があります（**図7-7**）。この付近のほとんどの岩石は，砂岩が圧力変成を受けた砂質片岩です。対岸の地層の傾斜はどの方向でしょうか。傾斜は上流側つまり，南傾斜です。この立て札の場所は小歩危層の南翼にあた

図7-5　礫質片岩の露頭付近の略図

7. 大歩危コース

ります。小歩危付近の地層は背斜軸の北側つまり北翼にあたります。背斜軸はレストランの下流「ぼけ茶屋」の南（地点F）にあります（**図7-8**）。「ぼけ茶屋」から北は北傾斜になっています。背斜付近の地層は時間があれば後で道路沿いに歩いて確かめてみましょう。舟下りでは，両岸のいろいろな形に削られた岩を見ながら川を下ります（往復30分）。舟下りの折返し点付近に背斜軸が通っています。舟下りでは，地層の傾斜が北に変わる背斜軸まで行かずに引き返してきます。

図7-6　舟着き場付近

図7-7　県指定天然記念物の立て札

図7-8　小歩危付近の背斜構造

図7-9　天然記念物表示の石碑

地点C　石英脈

地点Bの南に岩が川に突き出した部分があります。この付近は石英が脈状にたくさん入っています。色の黒い岩石は泥質片岩です。地点C部分が川に突き出ているのは，石英は泥質片岩に比べて硬く，侵食されにくかったからです。

地点D　石碑

舟下りの後，帰りの順路に沿って遊歩道を歩いていくと，ここにも「天然記念物」の石碑があります（**図7-9**）。この石碑の付近から川際までには，礫質

片岩が特に多く見られます。手すりがないので気をつけて歩きましょう。舟着き場付近の砂質片岩とこの付近の岩石の違いに注目しましょう。直径3〜4cm，大きいので10cm程度のぺしゃんこにつぶれた礫が見られます（**図7-10**）。これが含礫片岩または礫質片岩です。礫の種類はチャート，片麻岩，花こう斑岩，安山岩などです。水際まで足場に沿って下りてみましょう。岩がよく削られるので新鮮な岩肌が見られます。岩肌にはところどころ穴があいています。これがポットホールです（**図7-11**）。また，ところにより黒くなった部分（**図7-12**）がありますが，これは泥岩の塊がつぶされたものです。これを偽礫とよびます。チャートのように硬くないため，よくつぶされている様子がわかります。

図7-10　礫質片岩

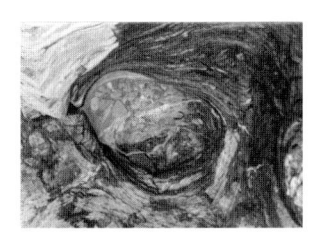

図7-11　ポットホール

図7-12　偽礫と平行ラミナ

地点E　ラミナ

　地層の粒をよく見ますと砂粒が横に並び細かな縞模様が見えます（図7-12）。このような粒子の並びをラミナ（葉理）といいます。ラミナが平行なものが平行ラミナです。水の流れの速さが変わると後にできたラミナが前にできたラミナに対し斜交してきます。このようなラミナが斜交ラミナ（**図7-13**）です。海底を海流や乱泥流などが侵食した溝をチャネル（**図7-14**）といいます。この付近にはこのような斜交ラミナやチャネルが見られるとの報告も（甲

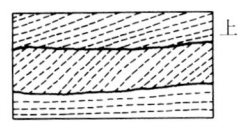

図 7-13 斜交ラミナ   図 7-14 チャネル

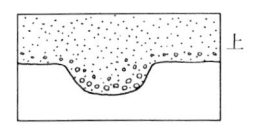

藤・平, 1980) あります (**図 7-15, 図 7-16**)。斜交ラミナやチャネルからは堆積の上下がわかります。甲藤・平はチャネルと斜交ラミナの向きから大歩危層は逆転していると主張しました。これに対して剣山グループ (1984) は甲藤・平がチャネルとしたのは小断層であり，斜交ラミナとしたのは，変成作用に伴う変形の影響であると反論しています。

図 7-15 斜交ラミナ？   図 7-16 チャネル？

地点 F　川床

礫質片岩の石碑から帰りの順路に従って右へ折れるとレストランに帰れます。曲がり角付近は泥質片岩となっており，その地層の走向方向 (N 70°E) は砂質片岩と比べよく侵食されているのがわかります。時間がある人は遊歩道から河原へ下りてみましょう。地点 F 付近からは泥質片岩や泥質片岩の微褶曲や小断層も見られます (**図 7-17**)。藤川橋から南は，断層で境され三縄層と

図 7-17 泥質片岩の微褶曲

なっています。つぎは対岸に見える石の博物館「ラピス大歩危」へ入ってみましょう。

〔**注意**〕 礫質片岩は県の天然記念物となっています。ハンマーを使っての採集はできません。写真を撮ったり観察するのは自由です。しかし，岩の上は滑りやすく，川の流れも急です。転落しないよう十分気をつけましょう。

引用・参考文献

1. 岩崎正夫編（1979）：徳島の自然　地質1，徳島市民双書13，徳島市中央公民館 p.279
2. 甲藤次郎・平　朝彦（1980）：逆転している大歩危礫岩，地質ニュース，307号，pp.26-28
3. 剣山グループ（1984）：四国中央部大歩危地域の三波川帯の層序と地質構造，地球科学，38巻，1号，pp.53-63

（橋本　寿夫）

8. 祖谷—阿波の秘境コース

8-1 祖 谷 温 泉

日本三大秘境の一つである祖谷(いや)渓谷には，露天風呂・祖谷温泉があります。さらに祖谷川を上流に向かうと奇橋「祖谷のかずら橋」があります。この二つの観光地を中心に三波川帯の無点紋結晶片岩類を観察しましょう。交通の便はあまりよくありませんが，自然の美しさを十分に満喫できるコースです。**図8-1** に地質図を示します。

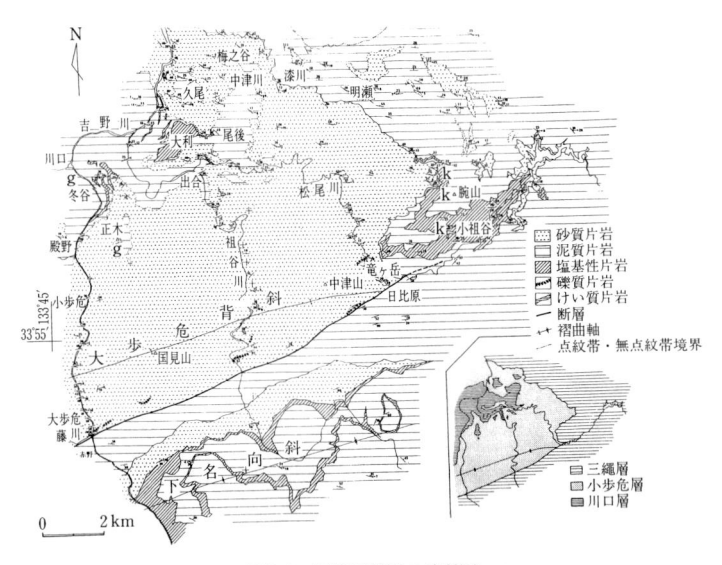

図 8-1 祖谷川付近の地質図

〔みどころ〕

① 出合付近では，無点紋帯の泥質片岩とその中に含まれる塩基性片岩を見ることができます。点紋帯の岩石との違いをよく観察してみましょう（**図 8-2** 地点 A）。

② 祖谷渓キャンプ村では，川床に下りて砂質片岩の新鮮な面を観察しましょ

86　II．徳島県の地質めぐり

図 8-2 祖谷温泉付近のルート図

う。砂質片岩に残っている堆積構造を見ることができます。また，川原の石の中には，礫質片岩などがあるのでよく探してみましょう（地点 B）。

③　祖谷渓谷では，深く切り立った V 字谷と谷をつくっている厚く堆積した砂質片岩を見ることができます。また，祖谷温泉に入り，疲れをいやしてはどうですか（地点 C）。

④　天然記念物の礫質片岩を観察することができます。礫岩が変成を受けるとどのようになるかよく見てみましょう（地点 D）。

⑤　一宇の町の北に分布する泥質片岩を観察しましょう。厚い砂質片岩との境がどうなっているかよく調べましょう（地点 E）。

〔交通〕　JR 阿波池田駅から四国交通バスに乗って 40 分で祖谷渓キャンプ村に，50 分で祖谷温泉に着きます。1 日数本しか運行しないので時刻表をよく調べておきましょう。観察地点の距離が離れているので自家用車が便利です。

〔地図〕　2 万 5 千分の 1 「阿波川口」，「大歩危」

〔注意〕　路線バスを利用する場合は，早めにバス停で待ちましょう。遅れるとつぎまで数時間待つことになります。観察は県道沿いなので交通事故に気をつけましょう。川床で露頭を観察できるのは，祖谷渓キャンプ村と祖谷温泉だけです。

8. 祖谷—阿波の秘境コース　87

地点A　発電所南

　吉野川から祖谷川に分かれて少し進むと出合の集落に着きます。この集落の外れに発電所があります。ここから南へ500mの間が地点Aで泥質片岩と塩基性片岩を見ることができます。吉野川と祖谷川の合流地点，祖谷口から出合の南方までの間に見られる大きな露頭はほとんどが泥質片岩か塩基性片岩です。発電所横の泥質片岩は，黒色で片理があり，微褶曲が発達しています。泥質片岩は風化されやすくもろくなり，水分を含みやすいので地すべり地帯をつくっています。

　発電所から南に300mほど進むと祖谷川地蔵尊があり，そこまでは泥質片岩が続きます。祖谷川地蔵尊の北は泥質片岩ですが，社(やしろ)の裏から塩基性片岩に変わります。ここから200mの間は，おもに塩基性片岩が見られ，ところどころに泥質片岩を挟んでいます。塩基性片岩は川床ではきれいな緑色をしていて層状になっています（**図8-3**）。塩基性片岩の中には白い石英が層状に発達しています。地層はN 70°E，30°Sで東北東走向で南傾斜を示しています。塩基性片岩に伴って灰色，灰緑色のけい質片岩も見ることができます。

図8-3　出合発電所と川床の塩基性片岩　　**図8-4**　キャンプ村の砂質片岩

地点B　祖谷川キャンプ村

　さらに祖谷川を進むと祖谷川渓キャンプ村に着きます。ここが地点Bです。県道からキャンプ村事務所のほうへ下りていきましょう。ここにはバンガローなどの宿泊施設があり，家族で四季の祖谷渓谷を楽しんだり，水遊びをすることができます。駐車場の東から川原に下りて砂質片岩を観察しましょう（**図8-4**）。まず，下流をみると両岸が絶壁のように迫った渓谷になっています。砂質片岩は硬いので風化や侵食されにくく，切り立った断崖や大きな岩場をつくっています。対岸や川原の露頭を見てみましょう。水に磨かれ，砂質片岩の新

鮮な面が出ています。砂質片岩は片理の発達が少なく，灰色で鉱物が砂粒のように見えます。よく観察すると変成される前の砂岩の平行ラミナや級化，荷重痕の痕跡などを見つけることができます。川原の転石には礫質片岩などがあり，露頭では採集することができないので川原で見つけるとよいでしょう。そのほか赤鉄鉱やスティルプノメレンの入った石英片岩も採集できます。

地点C　祖谷渓谷

キャンプ村を過ぎると地層も水平に近くなり，V字谷をつくる祖谷渓谷です。ここが図8-2の地点Cになります。一宇の北まで約7kmにわたって砂質片岩が露出し，絶壁をつくっています（**図8-5**）。このすばらしい景観を堪能してください。V字谷は展望台や小便岩付近できれいに見ることができます。観察するときには道が狭く駐車しにくいうえ，交通量が多いので事故に遭わないように注意しましょう。小便岩の下をのぞきこむと河床までの高さ200mの絶壁になっています。このあたりを大歩危背斜の軸が通っているので地層が水平になり，高い断崖をつくっています。

図8-5　祖谷渓谷の砂質片岩　　　　　　**図8-6　祖谷温泉とV字谷**

少し進むと祖谷温泉があります（**図8-6**）。この温泉は祖谷川の川床から湧き出す天然温泉で露天風呂もあります。単純硫化水素泉で温度は39℃あり，神経痛などに効くそうです。三波川帯から温泉が出ている場所は全国でも少なく，地下に新生代の火成岩体があるためと考えられています。

地点D　立て札

祖谷温泉からさらに南に進むと「含礫片岩」の立て札が立っています。ここが地点Dです。この礫質片岩は天然記念物に指定されているので観察するだ

けにしましょう（図 8-7）。これと同じものを大歩危でも見ることができます。丸い礫が変成作用で押しつぶされ、レンズ状になっています。火成岩の礫は丸いまま残っている場合もあります。礫は花こう斑岩や石英斑岩が多く見られます。標本の採集はキャンプ村か一宇村役場前の川床でしましょう。

図 8-7 天然記念物の含礫片岩（礫質片岩）

図 8-8 泥質片岩

地点 E　西祖谷中学校入口

礫質片岩を過ぎると砂質片岩になり、泥質片岩に変わります（図 8-8）。西祖谷中学校の入口の露頭が地点 E です。この泥質片岩は厚い砂質片岩の上位にあるのですが、断層できられて泥質片岩と砂質片岩が接しています。地形図を見ると東北東から西南西に走る断層が地形に現れ、谷をつくっています。

〔足をのばせば〕　出合から松尾川に進んでみましょう。竜ヶ岳は高さ 600 m の絶壁になっており、祖谷渓谷と同じ厚い砂質片岩でできています。礫質片岩も見ることができ、祖谷渓谷に勝るとも劣らないすばらしい景観を見せてくれます。さらに進み、小祖谷付近では塩基性片岩を見ることができます。この塩基性片岩は、今まで見てきた砂質片岩の上位にある三縄（みなわ）層に含まれます。松尾川の河床では厚さ 800 m もあり、祖谷コースの中では一番規模の大きい塩基性片岩です。川床でよく観察すると枕状溶岩などの構造が残っています。これらは変成作用によって偏平になっています。また、ところどころに小さいキースラーガーも含まれています。時間があれば寄ってみましょう。

8-2　かずら橋

祖谷温泉から車で 20 分ほど走ると「祖谷のかずら橋」があります。これは日本三大奇橋の一つに数えられ、山地に自生するかずらで編み上げたつり橋で

す。ここを中心に泥質片岩，塩基性片岩，けい質片岩を見ていきましょう（図8-9）。

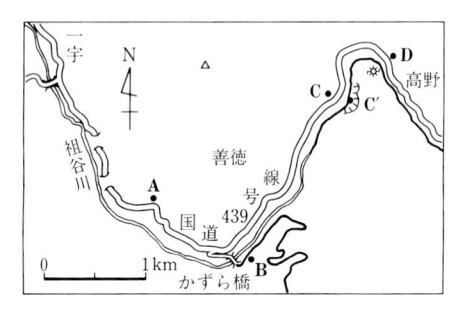

図 8-9　かずら橋付近のルート図

〔みどころ〕
① ホテル「かずら橋」の東側の露頭で泥質片岩と塩基性片岩を観察しましょう。砂質片岩から塩基性片岩に変わっています（図8-9地点 A）。
② 祖谷のかずら橋の近くで泥質片岩や泥質片岩と砂質片岩の互層を観察します。川床で新鮮な面を見て，片理や線構造を見てみましょう。かずら橋を渡ってみるのもスリルがあります（地点 B）。
③ 厚い塩基性片岩が国道の崖や祖谷川の絶壁をつくっています。硬くて風化されにくいためにこのような地形をつくっています（地点 C）。
④ 発電所の横の露頭では，塩基性片岩とけい質片岩をみることができます。けい質片岩はめずらしいのでよく観察しておきましょう（地点 D）。

〔交通〕　JR阿波池田駅から四国交通バスでかずら橋まで1時間で着きます。1日数本しかないので遅れないようにしましょう。JR大歩危駅から行くこともできます。しかし，自家用車を利用するのが一番便利です。

〔地図〕　2万5千分の1「大歩危」

〔注意〕　観光地なので交通量も多く，事故に注意しましょう。また，駐車するときは，ほかの人の迷惑にならないよう気をつけましょう。

地点 A　ホテルかずら橋

新しくできた「ホテルかずら橋」の東側の露頭が地点 A です（図8-10）。善徳1号トンネルのあたりでは，灰色の砂質片岩の露頭が見られますが，この

近くで塩基性片岩に変わります。ちょうど、ホテルの看板の後ろの露頭では黒色の泥質片岩の上に緑色片岩がのっています。どちらも微褶曲が発達しています。ここから南に行くに従い上位の塩基性片岩が出てきています。三縄層は北から下位の一宇の泥質片岩，トンネル付近の砂質片岩，その上位の塩基性片岩と変わっていく様子を観察して地図に記入してみましょう。

図 8-10 泥質片岩と緑色片岩   **図 8-11** かずら橋と泥質片岩

地点 B　祖谷のかずら橋

少し車で走ると善徳の集落に着きます。ここには「祖谷のかずら橋」があります。ここが地点 B です。この橋は標高 1 000 m 以上の山地に自生するシラチクカズラで編まれたつり橋です。長さ 45 m，水面からの高さ 15 m の橋は国の重要民族文化財に指定されています。風に吹かれてゆれるつり橋をわたり，スリルを味わうのもよいでしょう。かずら橋付近では，おもに泥質片岩を見ることができます（**図 8-11**）。一部砂質片岩を挟み，互層になっているところもあります。互層をよく見ると級化，平行葉理が見られ，微褶曲をしています。

橋を渡って東へ進むと「びわの滝」があります。この滝は砂質片岩の優勢な互層でできています。砂質片岩は硬く風化や侵食に強いので滝となって残ったのでしょう。滝の後ろの岩石をハンマーでたたくわけにはいかないので，傾きから同じ地層が出ている東のほうの露頭をたたいてみましょう。滝の反対側には河床に下りる道があります。河床では石英の発達した泥質片岩があり微褶曲をして複雑な模様をつくっています。砂質片岩を少し挟み互層になっているところもあります。対岸には人造の露頭があるので間違えないようにしましょう。かずら橋付近は向斜構造の軸部にあたり，地層は N 50°W，25°N と北西走向で北傾斜です。観光地なのでほかの観光客の迷惑にならないように観察しましょう。

地点C　谷荒バス停

かずら橋から祖谷川をさらに奥へ進むと「谷荒（たにあれ）」というバス停があります。このあたりが地点Cです。ここでは「ホテルかずら橋」付近にあった塩基性片岩の続きが露出しています。立派な露頭がたくさんあったのですが，落石防止のためセメントでまかれて一部しか見えなくなっています。川の対岸では塩基性片岩が高さ70mの絶壁をつくっているところもあります（図8-12）。さらに北東に進み川が東に向きを変えるあたりでは道路の北側に泥質片岩が出ています。この泥質片岩は，塩基性片岩の下位の地層で小さい背斜構造をしているのがわかります。

図8-12　塩基性片岩の絶壁

地点D　高野発電所

少し進むと高野発電所に着きます。ここが地点Dです。ここの塩基性片岩は重末（しげまつ）から「ホテルかずら橋」，谷荒，高野発電所と連続したものです。発電所横の国道では，北から紅れん片岩，泥質片岩，緑色片岩と泥質片岩の互層，厚い緑色片岩と変わっていっています。紅れん片岩は薄い紅色で1〜5cmの層状で，微褶曲をしています。南に行くに従い，緑色片岩が多くなってきています。ここから和田にかけては泥質片岩と塩基性片岩が露出しています。泥質片岩は微褶曲をし，へき開が発達しているので割れやすく，風化され，崩れやすくなっています。そのため，泥質片岩の地域は地滑り地帯となっています。

引用・参考文献

1. 岩崎正夫編（1979）：徳島の自然　地質1，徳島市民双書，徳島市中央公民館

2. 中川衷三編 (1981)：徳島の自然　地質2，徳島市民双書，徳島市中央公民館，p.166
3. 須鎗和巳，ほか (1991)：日本の地質8　四国地方，共立出版
4. 地学団体研究会 (1977)：新地学教育講座6　地層と化石，東海大学出版会
5. 剣山研究グループ (1984)：四国中央部大歩危地域の三波川帯の層序と地質構造，地球科学，38巻1号，pp.53〜63
6. 公文富士夫 (1981)：徳島県南部の四万十累帯白亜系，地質学雑誌，87巻5号，pp.277〜295
7. 森永　宏・奥村　清 (1988)：阿讃山脈東部板野-引田地域の和泉層群，地学雑誌，97巻7号，pp.10〜21

(森永　宏)

9. 佐那河内・神山コース

　徳島県東部に位置するこの地域は，佐那河内村および神山町からなります。徳島県の特産品である「すだち」は，この地域でほとんど生産されており，特に，神山町は全国一の生産高を誇ります。徳島市に隣接する佐那河内村は，周辺地域が徳島市に合併したことから，現在では全国的にも数少ない1郡1村体制となっています。剣山山地の東端にあたる旭ヶ丸（標高1019m）から東へ緩やかに大川原高原が広がり，ここからは鳴門海峡や淡路島まで一望することができます（図9-1）。また，嵯峨川上流の徳円寺に向かう峡谷は嵯峨峡とよばれ，東部山渓県立自然公園の一部に指定されているほか，「神通の滝」や日本の滝百選に選ばれた「雨乞の滝」などは，中部山渓県立自然公園の一部に指定されています。

図9-1　大川原高原から淡路島を望む

　神山町の中心部を流れる鮎喰川は，役場のある寄井付近までほぼ東流し，そこから徳島市に向かって北西方向へ流れを変えています。この鮎喰川の東流する部分の東方延長線上には，佐那河内村北部を東流する園瀬川があります。この地域では，両者を結ぶ線上をほぼ境として，北側は三波川帯，南側には御荷鉾緑色岩類および秩父帯の岩石が分布しており，これらはたがいに断層で接しています。また，この地域の北部から西部にかけて分布する三波川帯および御荷鉾緑色岩類の岩石は，鮎喰川断層でななめに切られています。この断層は石井町から鮎喰川に沿って南西にのび，秩父帯の剣山南方を通り高知県物部川流

9. 佐那河内・神山コース　95

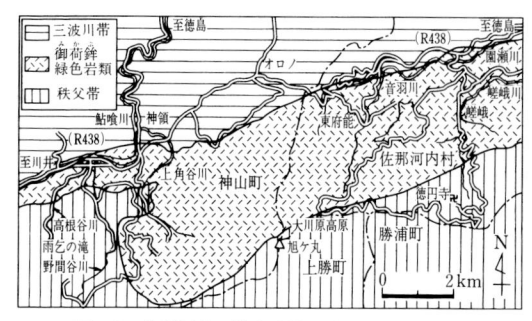

図 9-2　佐那河内・神山地域の地質とコース案内

域に達する大断層です（**図 9-2**）。

9-1　嵯　峨　峡

嵯峨川沿いに徳円寺に向かう渓谷は嵯峨峡とよばれ，昭和 42 年に東部山渓県立自然公園の一部に指定されています（**図 9-3**）。嵯峨川沿いに見られる岩石のほとんどは，御荷鉾緑色岩類のハイアロクラスタイトという岩石で，緑色をした独特の色合いと水流で磨かれた珍しい模様が渓谷美に色を添えています。

図 9-3　嵯峨橋から嵯峨峡を望む

御荷鉾緑色岩類の岩石は，三波川帯の南縁に関東山地から四国西部まで 800 km 以上にわたり分布しており，御荷鉾緑色岩類の「御荷鉾」とは，群馬県の関東山地にある西御荷鉾山に由来しています。また，黒っぽい色をした玄武岩や斑れい岩などが変成作用や変質作用により，緑色の岩石になったものを「緑色岩」とよんでいます。

これらの岩石は，最近では「プレートテクトニクス」という考えに基づい

て，海洋底で大量の溶岩が噴出してできた海山などがプレートの運動によって運ばれ，海溝付近で沈み込めずに剝ぎ取られて大陸縁辺に付加したものだと考えられています（図9-4）。

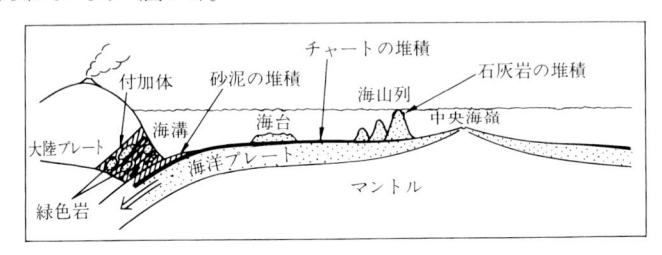

図9-4 海洋地域で形成されたさまざまな岩石の大陸ルートへの付加

〔みどころ〕
① 石垣に使われている枕状溶岩とハイアロクラスタイトの観察。
② ハイアロクラスタイトの堆積構造および中に含まれる岩片とマトリックスの観察。
③ 輝緑岩の岩脈の観察。
④ 枕状溶岩と石灰岩の観察。

〔**交通**〕 徳島駅から嵯峨行きの徳島バスが運行しており，約50分で終点の嵯峨に到着します。バスの便は少なく，平日6便，日曜・祝日2便しかありませんので，徳円寺や大川原高原まで行くのであれば自家用車が便利です（図9-5）。

〔**地図**〕 2万5千分の1「阿波三渓」，5万分の1の「雲早山」

地点A 「阿波の青石」と緑色岩

嵯峨のバス停で下車すると，目の前に天一神社があります。この神社の石垣（図9-6）に使われている岩石には，青緑色で球形を押しつぶしたような形の岩石と，大きさや形が異なる岩片が入っている岩石があります。これらは枕状溶岩とハイアロクラスタイトです。このような岩石は水で磨かれると珍しい模様が見られることから，徳島県内では最も珍重される「青石」であり，庭石として広く利用されています。

枕状溶岩やハイアロクラスタイトは庭石としての価値とは別に，地質学的にも非常に重要な岩石です。それは，これらの岩石が保持している特徴的な構造

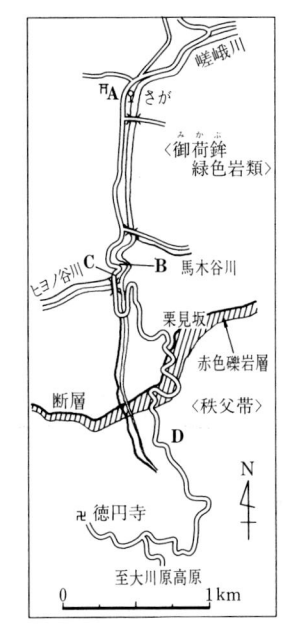

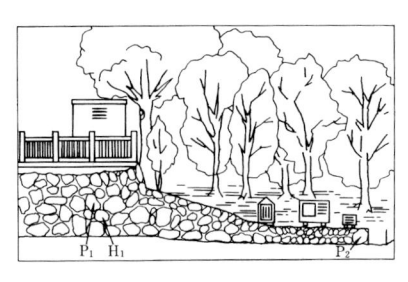

図 9-5 嵯峨峡のルートマップ

図 9-6 天一神社の石垣に利用されている「青石」

は，海洋底の火成活動によって形成された証拠といえるからです。では，このような岩石はどのようにしてつくられたのでしょうか。**図 9-7** を見ながら枕状溶岩とハイアロクラスタイトができる過程を考えてみましょう。

海底で噴出した溶岩は海水と接触するために，急冷して表面に硬い殻ができあがります。しかし，内部は熱い溶岩流が供給されているため，急冷した表面

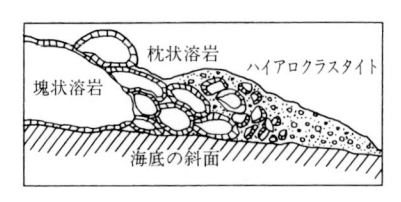

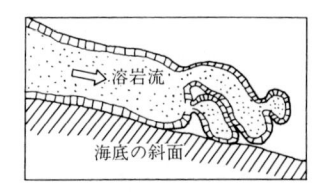

(a) 枕状溶岩のでき方　　(b) ハイアロクラスタイトのでき方

図 9-7 枕状溶岩とハイアロクラスタイトのでき方

の殻の割れ目から球状の岩塊（がんかい）が噴き出してきます。この球をその形が似ていることから枕（ピロー）とよびます。もとの溶岩や枕の中からつぎつぎと枕が噴き出し，これらが積み重なることにより枕状溶岩（ピローラバー）が形成されていきます。枕状溶岩の表面は殻をもっていますが，内部はまだ熱く溶けた状態で，一部に結晶化した部分があります。この枕が崩れ落ちたりして破壊されると，中の液は急冷してガラスとなり，岩片（殻）と結晶した部分が集積した岩石ができます。これがハイアロクラスタイトです。ギリシャ語で「ガラス」の意味のハイアロと「砕屑物（さいせつぶつ）」の意味のクラスタイトをいっしょにしてハイアロクラスタイトとよびます。

　では，石垣の枕状溶岩を細かく観察してみましょう。図9-6で示したP_1の岩石は，枕状溶岩の形や構造が最もよくわかります（**図9-7(a)**）。少しつぶれた丸い形をしたものが枕で，その周囲には濃い緑色をした部分があります。これは溶岩が急激に冷やされたため，周囲にガラス質の殻ができたもので，冷却縁（れいきゃくえん）（チルドマージン）とよびます。また，左側に向かって冷却縁を見ていくと，立体的に枕の形や大きさをとらえることができます。さらに，枕の表面から内側に向かって，溶岩が冷却したときにできた割れ目（クラック）があります。このような枕状溶岩の構造は，露頭（ろとう）では流水でよく磨かれた岩石でないと観察できません。図9-6で示したP_2やこれ以外にも枕状溶岩が使われているので，少し目が慣れたら冷却縁を手がかりに探してみましょう。

　枕状溶岩の右斜め下のH_1はハイアロクラスタイトです（**図9-8(b)**）。この石垣のほとんどは，このようなハイアロクラスタイトで構成されていますが図9-8(b)で示したような枕の形状を残した大きな岩片を含むものから小さな岩片を含む岩石までさまざまです。野外の露頭では，ハイアロクラスタイトは周辺の塊状溶岩や枕状溶岩に伴って産することがしばしばあります。ハイアロクラスタイト中に含まれる岩片の種類・形・大きさ・量に着目してみると，周囲の溶岩との関係も考えることができるでしょう。

　神社の横を流れる小さな川が嵯峨川です。この川原に下りてハイアロクラスタイトの転石を観察してみましょう。10cm～2mぐらいまでの大小さまざまな岩石があります。そのほとんどが，先ほど石垣で見たハイアロクラスタイトです。川の流水でよく磨かれているので，溶岩の岩片も形状がくっきりと浮かび上がって見えます。中には，枕の形状を一部残している岩片を含むものもあ

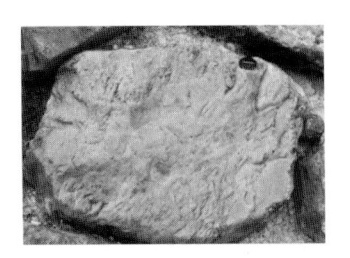

(a) P_1 の枕状溶岩 　　　　(b) H_1 のハイアロクラスタイト

図 9-8　石垣に利用されている「青石」

ります。**図 9-9** 中央の大きな岩片の左下部（矢印）には、緩やかな曲線の部分があります。この部分は、枕が壊れる以前の形状と割れ目を一部残しているものと考えられます。

図 9-9　嵯峨川の川原の転石

地点B　嵯峨川上流のハイアロクラスタイト

天一神社から嵯峨川に沿って、徳円寺へと続く道があります。徳円寺は文政7年（1824年）に徳円上人によって開基されました。うっそうと茂る大樹のかげに植えられた石楠花は、温度・湿度の条件に恵まれ、ひときわ大きな花を長期間、色鮮やかに咲かせることで有名です。川沿いに見える対岸の岩石や河床の大きな転石は、ほとんどがハイアロクラスタイトです。

川沿いに1kmほど行くと、馬木谷川との合流地点があります。この地点からヒヨノ谷川との合流地点まで嵯峨川は大きく蛇行を繰り返し、河床や河岸にはハイアロクラスタイトの露頭が断続的に露出しています。馬木谷川との合流地点から300mほど上流の地点で、河床に下りてハイアロクラスタイトを観察しましょう。

河床に広がる岩石はすべてハイアロクラスタイトですが、場所によって含ま

れる岩片の大きさや量が異なります。中に含まれる岩片のほとんどが1～5 cm程度のもので，小さな穴がポツポツとあいたものもあります。これは溶岩が急冷するときに，中に含まれていたガスが抜け出した跡です。この岩片を薄く研磨し，岩石薄片にして偏光顕微鏡で観察すると（**図9-10**(a)）白く抜けた大きな穴が見えます。これが先ほど見た気泡の跡です。大部分は，小さな粒の結晶と鳥の羽や魚の骨に似た形状の結晶がたくさんあります。いずれも単斜輝石という鉱物ですが，このような羽毛状や魚の骨に似た形の細く伸びた結晶はマグマが急冷されたことを示しています。

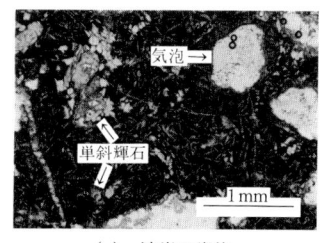

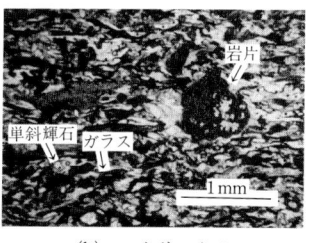

(a) 溶岩の岩片　　(b) マトリックス
図9-10 ハイアロクラスタイトの偏光顕微鏡写真（オープンニコル）

　今度は大きな岩片が含まれない部分（マトリックス）を観察しましょう。一見，同質に見えるこの部分には細いしま模様があります。これは枕が破砕されたときに，中の液が急冷してできたガラスの堆積構造です。岩石薄片を偏光顕微鏡で観察してみると（図(b)），ガラス質の部分が波打ったような層構造で褐色や黒色に見えますが，四角い粒や羽毛状の単斜輝石を含む塊もたくさんあります。これは枕が壊れてできた非常に小さな岩片です。岩片と一口に言っても，数十cmもある大きなものから1mm以下の顕微鏡サイズのものまであるのです。

　少し目が慣れてきたら，ハイアロクラスタイトの堆積構造（**図9-11**）を探してみましょう。一般に，流水の働きにより砂や泥が運ばれて堆積する場合には，下位から上位に向かって粒の大きさが徐々に小さくなります。このような堆積構造を級化層理とよびます。このことから，級化層理は地層の上下判定に役立ちます。写真の右側部分では大きな岩片を含んでいますが，写真左側に向かって徐々に含まれる岩片は小さくなり，左端では肉眼だとわからないほど細

粒な岩石に変化しています。このことから、この岩石が形成された場所では写真右側（下位）から左側（上位）へ堆積作用が進行したことがわかります。

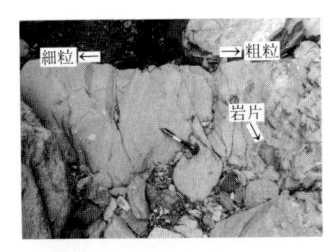

図 9-11 ハイアロクラスタイトの堆積構造

図 9-12 輝緑岩の岩脈

地点 C　輝緑岩の岩脈

ヒヨノ谷川との合流地点にさしかかると、ヒヨノ谷川を横切る小さな橋が見えます。この橋の下には、ハイアロクラスタイトに貫入した輝緑岩の岩脈が露出しています。道路沿いから見ると、馬の背のような形をしているので目につきます。橋を渡って、東側のところから河床へと下りてみましょう（**図 9-12**）。

周辺の岩石はすべてハイアロクラスタイトで、輝緑岩はその中に貫入しています。白い網目状の曹長石脈を伴っているので、周囲のハイアロクラスタイトと容易に見分けることができます。このような岩脈は馬木谷川との合流地点付近にも数箇所露出しています。川の水量が少ないときに河床を歩いて調べてみましょう。

地点 D　枕状溶岩と石灰岩

ヒヨノ谷川との合流地点から嵯峨川沿いに200mほど進み、嵯峨川にかかる橋を渡って栗見坂へと向かいます。この付近から南側には秩父帯の岩石が分布しています。栗見坂から再び嵯峨川沿いへと道路は迂回しますが、この付近では谷底が深く嵯峨川は見られません。道沿いの小さな神社を通り過ぎて500mほど進むと枕状溶岩の露頭があります（**図 9-13**）。このあたりは日当たりが悪く薄暗いので、通り過ぎないように注意して下さい。枕状溶岩は厚さ5mほどで枕の形状や冷却縁も確認できます。この枕状溶岩の上位には石灰岩を伴います。石灰岩の表面は風化していますが、ハンマーでたたくと真っ白な色を

呈することから石灰岩であることがわかります。ここの石灰岩は再結晶しているため大理石となっています。枕状溶岩と石灰岩がセットになって分布するということは，海底火山の噴火でできた火山島の周囲に珊瑚礁が形成されていたのかもしれません。

(a) 枕状溶岩　　　　　　　(b) 石灰岩

図 9-13　秩父帯の枕状溶岩と石灰岩

9-2　大川原高原と「いきもの愛ランド」

佐那河内村の役場付近から大川原高原への案内標識があります。これが一般的なコースですが，嵯峨川上流の徳円寺から稜線沿いに，景色を楽しみながら行くのもよいでしょう。ここでは府能谷の枕状溶岩とハミズカ峠の蛇紋岩を観察してから大川原高原へと向かいます。大川原高原近くの道沿いには，御荷鉾緑色岩類の斑れい岩が分布しています。嵯峨川や府能谷の枕状溶岩やハイアロクラスタイトとは異なり，粗粒の鉱物で構成された岩石組織を観察できます。また，途中には「いきもの愛ランド」のネイチャーセンターがあります。一度立ち寄って，大川原高原一帯の自然についての情報を聞いておくと，さらに楽しみが増えることと思います（図 9-14）。

〔みどころ〕

① 府能谷の枕状溶岩と噴出単元の一部を観察。

② ハミズカ峠の蛇紋岩を観察。

③ 大川原高原へ向かう道沿いでチャートと斑れい岩の観察。

〔地図〕　2万5千分の1「阿波三渓」

〔交通〕　徳島駅前から東府能行きの徳島バスが運行しており，約50分で終点の東府能に到着します。平日は1日7便，日曜・祝日は1日6便となってい

9. 佐那河内・神山コース　103

図 9-14　府能(ふのう)から園瀬川および三波川帯，御荷鉾緑色岩類を望む

ます。日曜・祝日の午前中の便はなく，観察地点の間が離れていること，ネイチャーセンターや大川原高原まで行くことも考えると自家用車が便利です。

地点A　府能谷の枕状溶岩

図 9-15 に府能谷の案内図を示します。

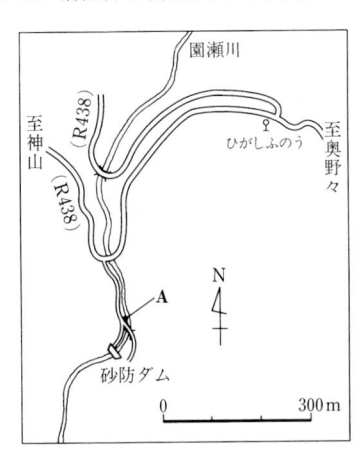

図 9-15　府能谷の案内図

東府能のバス停から道沿いに，約 400 m 南西方向へ歩くと小さな谷が見えてきます。この府能谷の枕状溶岩は，県内では最も見事な産状です。谷川の水量が少ないときは橋の脇から河床に下りて上流へと歩いていくと，ハイアロクラスタイトや枕状溶岩が繰り返し露出していることが確認できます。ここで

は，砂防ダムの手前にある橋の下から滝の周辺にかけて露出している枕状溶岩，ハイアロクラスタイトを観察することにします。

橋を渡り川沿いの細い道を砂防ダムに向かってしばらく行くと，小さな滝が見えてきます。滝を横目に少し越えたあたりで，ガードレール脇から河床に下りてみましょう。なお，このあたりの岩石は濡れて滑りやすくなっているので注意して観察して下さい。正面（右岸）から滝の少し下流にかけて広がっている岩石は枕状溶岩です。滝に水が流れ落ちる手前付近では，水で磨かれて枕の形がはっきりと浮かび上がって見えます（**図9-16**）。また，見事に枕が積み重なり，枕と枕の間には暗緑色の冷却縁も見えています。

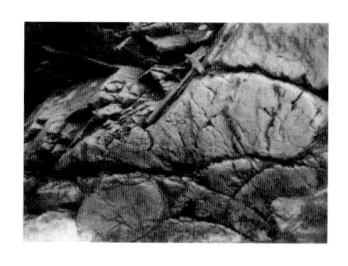

図9-16 枕状溶岩

滝の脇にあるコンクリート上を歩いて，滝の下の河床へと下りてみましょう。正面（右岸）や滝の下にも少し枕状溶岩がありますが，ここでは下流に向かってハイアロクラスタイトが分布しています。海底で噴出した溶岩流の中心付近では塊状(かいじょう)溶岩が形成されますが，その先端では溶岩流から噴出した枕状溶岩や，それが破砕されたハイアロクラスタイトが形成されます。つまり，塊状溶岩，枕状溶岩，ハイアロクラスタイトがセットになったものは，一度の噴出によって形成される典型的な産状を表しているのです。これを噴出単元とよびます。ここでは，枕状溶岩とハイアロクラスタイトという噴出単元の一部が見えていることになります。

地点B　ハミズカ峠の蛇紋岩

ハミズカ峠付近の案内図を**図9-17**に示します。

府能谷から東府能のバス停に向かう道路へ戻り，東方のハミズカ峠へと向かいます。途中の音羽川(おとわがわ)付近では，嵯峨峡や府能谷と同様なハイアロクラスタイトを見ることができます。橋を渡り奥野々の集落を通り抜けると，大川原高原と嵯峨に向かう道路の分岐点に到着します。この付近から蛇紋岩が分布してい

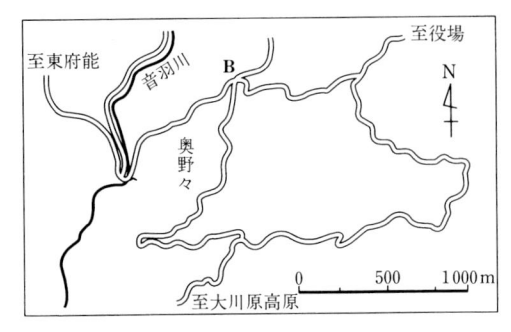

図 9-17 ハミズカ峠付近の案内

ます。この地域の蛇紋岩は，徳島県の三波川帯および御荷鉾緑色岩類の中では最大級のもので，嵯峨の天一神社の西方から断層に沿って点々と続いています（図 9-18）。

図 9-18 蛇 紋 岩

　蛇紋岩は蛇紋石という鉱物が集合してできていますが，もとは，かんらん石の結晶が集積してできたかんらん岩です。つまり蛇紋岩はかんらん岩が水の影響による変質作用を受けて変わったものです。また，このような結晶が集積してできた岩石を結晶集積岩とよびます。蛇紋岩特有の油ぎった光沢があり，緑色や黄色や白色に見える部分がありますが，色に関係なくすべて蛇紋石でできた岩石です。できるだけ塊状の部分を見つけ，ハンマーで割ってルーペで結晶集積の組織を観察してみましょう。

地点 C　斑れい岩

　図 9-19 に大川原高原への案内図を示します。
　ハミズカ峠から大川原高原へ向かう道路に出て 2 km ほどで斑れい岩の露頭

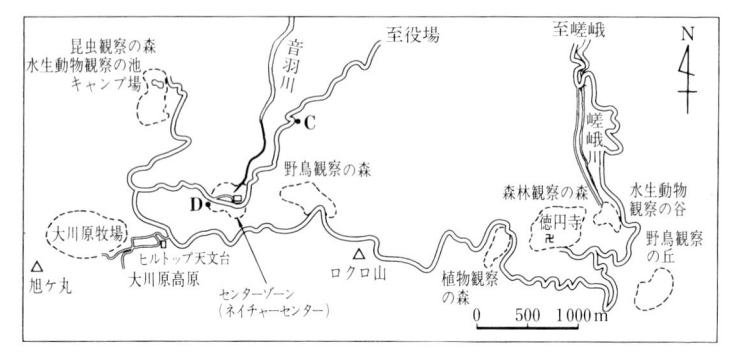

図 9-19　大川原高原への案内図

に到着します（図 9-20）。現在は落石防護用の金網が掛けられていますが，腰の高さぐらいまで金網がないところもあります。御荷鉾緑色岩類の斑れい岩なので全体に緑色をしていますが，ハンマーで割ってみると黒色をした粗粒の輝石が見えます。

図 9-20　斑れい岩

斑れい岩は花こう岩や玄武岩と同様にマグマが冷えてできた岩石です。玄武岩のように黒っぽい色をしていますが，花こう岩のように粗粒で大きな鉱物から構成されています。つまり，玄武岩と同じような化学組成のマグマが花こう岩のように比較的ゆっくり冷やされてできたことを意味しています。

地点D　ネイチャーセンター

ネイチャーセンターへ行く途中の露頭も，先ほどと同じ斑れい岩が見えます。「いきもの愛ランド」のセンターゾーンには，ネイチャーセンターがあります。大川原高原一帯は，岩石以外にも珍しい植物や鳥類なども観察することができるため，一度ここに立ち寄ってアドバイスを受けてから行くのがよい方

法だと思います。入館は無料で，館内にはテレスコープが数台設置されており，ここからも野鳥観察をすることができます。また，動植物を検索できる図鑑なども多数揃えられています。

玄関前や道路沿いの石垣に使われているのは，花こう岩と三波川帯に見られるような片理の発達した塩基性片岩（青石）ですが，玄関脇の石碑には，御荷鉾緑色岩類と思われるハイアロクラスタイトが使われています（**図 9-21**(a)）。

(a) 「青石」の石碑　　(b) 層状チャート
図 9-21 「青石」の石碑と層状チャート

また，ネイチャーセンターの駐車場には小さな露頭が残っています（図(b)）。これは赤色のチャートです。層状のチャートが緩やかに褶曲しているのが観察できます。チャートは海洋底に静かに沈積した放散虫などのけい質の殻をもつ微化石でできています。また，赤色を示すのは赤鉄鉱の色によるもので，このようなチャートも緑色岩と同様に，プレートの運動により運ばれてきたものだと考えられます。

9-3 次郎鉱山跡と「雨乞の滝」

図 9-22 に次郎鉱山跡および雨乞の滝への案内図を示します。

次郎鉱山は，別子鉱山と同様に銅を含む鉱石を採掘していました。現在は閉山しており，ズリや転石から当時の様子を知ることができる程度です。次郎鉱山へは野間谷，上角谷のいずれからも行くことができますが，ここでは野間谷から入り，秩父帯の岩石を観察しながら向かうことにします。また，日本の滝百選に選ばれた「雨乞の滝」は高根谷川の上流で標高450m付近にあります。

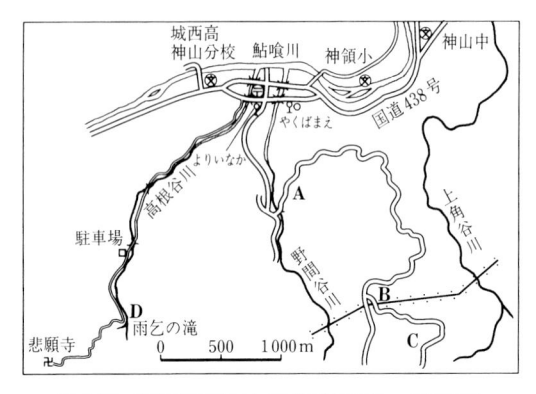

図 9-22 次郎鉱山跡および「雨乞の滝」への案内図

「神通の滝」とともに中部山系県立自然公園に指定されており，この高根谷川に沿って「雨乞の滝」に至る峡谷では，河岸や河床に大きなチャートの転石があり，チャートがつくる峡谷の景観がとても美しいところです。

〔みどころ〕
① 秩父帯の泥質層の褶曲とレンズ状石灰岩の観察。
② 御荷鉾緑色岩類の斑れい岩の観察。
③ 次郎鉱山跡の観察と鉱石の採集。
④ 「雨乞いの滝」をつくる層状チャートの観察。

〔地図〕 2万5千分の1「阿波寄井」，5万分の1「雲早山」

〔交通〕 徳島駅前から徳島バスの神山線が運行しており，約1時間10分で寄井中(よりいなか)に到着します。バスの便は1時間に1〜2本です。

地点A　地層の褶曲とレンズ状石灰岩

寄井中のバス停で降り，野間谷川に沿う細い道を南へ進みます。この付近は御荷鉾緑色岩類の分布域ですが露頭はありません。1.5kmほど進んだところから，橋を渡り山道へ入っていくと，右手に褶曲した地層（図9-23(a)）があります。このあたりは秩父帯の岩石が分布しており，この褶曲は秩父帯の堆積岩に見られるものです。褶曲の規模は小さいのですが，全景を見ることができるので，教科書的な背斜(はいしゃ)・向斜(こうしゃ)構造が観察できます。

少し先では，この褶曲した地層の中にレンズ状の石灰岩（図(b)）が入っています（矢印）。レンズ状の石灰岩とは，石灰岩の堆積層が褶曲や断層運動な

(a) 地層の褶曲 　　　　　　　　(b) レンズ状石灰岩
図 9-23 地層の褶曲とレンズ状石灰岩

どによる力を受け，ひきちぎられた状態のものを指します。このような岩体では，両サイドの厚さが薄くなっているため，凸レンズのような形状を示しています。また，この石灰岩からはコノドントという化石が見つかっています。

地点B　斑れい岩

この道路に沿ってしばらく行くと，再び，御荷鉾緑色岩類の分布域へと入ります。この付近は秩父帯と御荷鉾緑色岩類の境界に近いところなので，現在地を見失わないように注意して下さい。

レンズ状の石灰岩を見てから1kmほど進むと，次郎鉱山跡へ向かう道路との分岐点にさしかかります。ここにある岩石は御荷鉾緑色岩類の斑れい岩です（**図 9-24**）。全体的には緑色で，割ってみると粗粒な鉱物で構成されています。黒色の鉱物は輝石で，細長い鉱物は斜長石です。これらは，佐那河内地域の大川原高原に向かう道路沿いに分布するものと同様な岩石で，四国東部の御荷鉾緑色岩類分布域では南縁に分布する傾向が見られます。

図 9-24 斑れい岩

地点C　次郎鉱山跡

分岐点から東に入り，次郎鉱山跡へ向かいます。斑れい岩から細粒のハイア

ロクラスタイトへと岩相が変化し，次郎鉱山跡へと到着します。現在では，新しくできた林道によって横切られていますが，山の斜面には，赤茶けた廃石がごろごろと捨てられたズリが見えます。また，道路沿いや山の斜面には，かつての坑道跡（矢印）が見えます（図 9-25）。この鉱山では閉山に至るまですべて手掘りで作業が進められていたため，坑道入口の大きさは1m弱と小さなものです。大変危険ですから絶対中に入らないようにして下さい。

(a) 次郎鉱山跡　　　　　　　　　(b) 坑道入口跡

図 9-25　次郎鉱山跡と坑道入口跡

次郎鉱山の鉱床は層状含銅硫化鉄鉱床（キースラーガー）とよび，愛媛県の別子鉱山にみられるものがその典型的な例であることから，別子型鉱床ともよばれています。このような鉱床は，火成作用に伴う熱水鉱床と考えられています。鉱石は主として黄鉄鉱の集合で，その間隙を黄銅鉱が埋めたもので，ほかに磁鉄鉱，磁硫鉄鉱，閃亜鉛鉱，少量の金・銀など多くの鉱物を含んでいます。徳島県内では，この種の鉱山は三波川帯・御荷鉾緑色岩類・四万十帯の「青石」に伴って産出し，高越鉱山や東山鉱山などたくさんありましたが（図 9-26），別子鉱山が閉山するとともに，この種の鉱山はすべて閉山しました。この地域でも，御荷鉾緑色岩類の分布域にある次郎鉱山のほかに，三波川帯の広石，持部，折木などの鉱山が稼業していました。鉱石の大半は細粒硬質，緻密な塊状鉱で，完全に黄鉄鉱のみのものや，非常に多くの細粒の閃亜鉛鉱を含むものもあります。

採集した鉱石を図 9-27(a)，(b)，(c)のように鉄製乳鉢で「砕石」し，粗い目のふるいで「ふるいがけ」をして粒度をそろえます。鉱石には黄鉄鉱や黄銅鉱などの金属鉱物と石英や長石などの脈石鉱物が含まれているので，比重の違いを利用して鉱物を分離する方法として「わんがけ」という簡単な作業をし

9. 佐那河内・神山コース 111

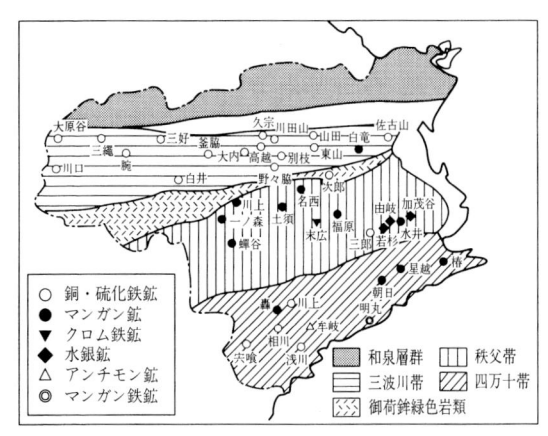

図 9-26 徳島県の金属鉱山

凡例:
- ○ 銅・硫化鉄鉱
- ● マンガン鉱
- ▼ クロム鉄鉱
- ◆ 水銀鉱
- △ アンチモン鉱
- ◎ マンガン鉄鉱

地質区分:
- 和泉層群
- 三波川帯
- 御荷鉾緑色岩類
- 秩父帯
- 四万十帯

(a) 鉄製乳鉢で鉱石を砕石

(b) ふるいがけ

(c) わんがけ

図 9-27 鉱石の処理方法

てやります。軽い脈石鉱物は水流により浮き上がってくるので手ですくって取り除いてやると、黄鉄鉱・磁鉄鉱・磁硫鉄鉱などの金属鉱物を集めることができます。これらの金属鉱物は色や結晶の形をもとに、ルーペを見ながら分離できますが磁性強度によっても分離できます。

また、鉱石中には黄鉄鉱や磁硫鉄鉱などの鉄と硫黄の化合物をたくさん含むため、細粒に粉砕した鉱石を閉管（試験管）で熱してやると、硫黄は黄鉄鉱や磁硫鉄鉱から昇華（分離）し、急冷されて試験管の内側に付着します（**図9-28(a)**）。鉱石にわずかに含まれる銅は炎色反応によって確認できます。他の元素の反応色と異なり、独特の青緑色（図(b)）を示します。採集した鉱石は、クリノメーターや方位磁石を近づけると針が振れ（矢印）、強い磁性を示します。これは、鉱石中に含まれる磁鉄鉱によるものです（図(c)）。次郎鉱山の鉱石は、黄銅鉱などの金属鉱物が緻密に詰まっているため電気をよく通します（図(d)）。金属鉱床の探査においては、このような伝導性を利用することがあります。

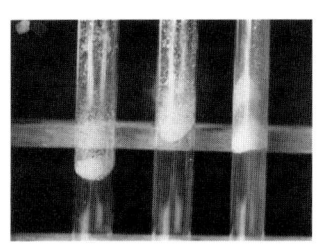

(a) 硫黄の分離 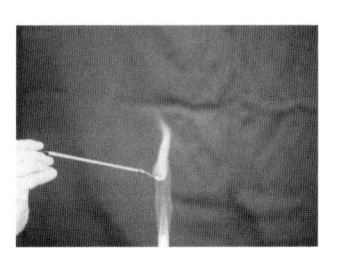　　　　　(b) 炎色反応

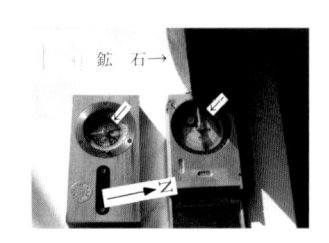

(c) 鉱石の磁性 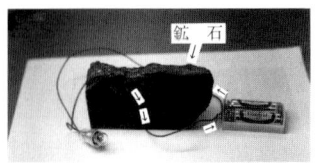　　　　　(d) 電気の伝導性

図9-28　鉱石の特徴

9. 佐那河内・神山コース

地点D 「雨乞の滝」と層状チャート

次郎鉱山跡から寄井まで戻り，野間谷川の少し西にある高根谷川に沿って「雨乞の滝」へと向かいます。寄井中のバス停付近から道案内が出ているので見落とさないようにしましょう。高根谷川に沿って南に続く細い道を行くと「雨乞の滝」の駐車場へ到着します。駐車場から「雨乞の滝」を経て高根悲願寺に至る細い道が谷沿いにあります。途中，小さな五つの滝がありますが，いずれも渓谷をつくるチャートによって形成されたものです。道沿いの山側でもチャートはたくさん見られますが，流水で磨かれているチャートが色鮮やかで層状構造もよくわかります（図9-29）。色は濃い赤色のものから淡いピンク色のものまであり，層状構造をつくる層の厚さも異なります。

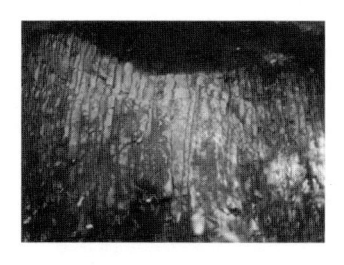

図9-29 層状チャート

観音滝からは50mほどで「雨乞の滝」へ到達できます（図9-30）。「雨乞の滝」は日本の滝百選に選ばれた名勝で，雌雄二つの流れをもっています。まず最初に目に入るのが，正面に見える雄滝で落差は約30mです。回り込んで奥

(a) 雄　　滝　　　　　(b) 雌　　滝
図9-30 雨乞いの滝

に見えるのが雌滝で，落差は約 45 m あり 3 段の滝で構成され水量も豊富です。竜王神と不動尊が奉られており，昔，日照りが続いたときに村人が鐘や太鼓をたたいて踊りを奉納して雨乞いをしたと伝えられています。

　この滝の周辺の岩石は，秩父帯のチャートおよび緑色岩を挟むオリストストロームで，変成作用を受けて少し片状になっています。滝をつくる岩石は堅いチャートでできています。

引用・参考文献

1. 岩崎正夫編（1979）：徳島の自然 1，徳島市民双書，徳島市中央公民館，p.279
2. 岩崎正夫（1990）：徳島県地学図鑑，徳島新聞社，p.319
3. 徳島の自然（自然公園と自然環境保全地域），徳島県
4. 菅野三郎監修・奥村　清編（1997）：地学の調べ方，コロナ社
5. 今西錦司・井上　靖監修：日本の湖沼と渓谷 11　中国・四国，ぎょうせい
6. 渡辺武男・沢村武雄・宮久三千年編（1973）：日本地方鉱床誌　四国地方，朝倉書店
7. 徳島県農林水産部農林企画課（1972）：徳島県の地質
8. 四国通商産業局編：四国鉱山誌，財団法人四国商工協会
9. 日本の地質「四国地方」編集委員会編（1991）：日本の地質 8 四国地方，共立出版
10. 奥村　清・西村　宏・村田　守・小澤大成（1998）：自然の歴史シリーズ④　徳島　自然の歴史，コロナ社
11. 須鎗和巳・桑野幸夫・石田啓祐（1982）：御荷鉾緑色岩類およびその周辺の層序と構造―その 2．四国東部秩父累帯北帯の中生界層序に関する 2・3 の知見―，徳島大学教養部紀要（自然科学），13 巻，pp. 63-82.
12. Takeda, K. (1984)：Geological and petrological studies of the Mikabu Greenstones in eastern Shikoku, Southwest Japan., J. Sci, Hiroshima Univ, Ser. C. 8. 221-280.
13. 小澤大成・元山茂樹・井上宗弥・加藤泰治・村田　守（1999）：四国東部みかぶ緑色岩類の岩石学的特徴，地質学論集，52 号，pp. 217-227
14. Isozaki, Y., Maruyama, S. and Fukuoka, F. (1990)：Accreted oceanic materials in Japan, Tectonophysics, Vol. 181, pp. 179-205
15. 石田啓祐・小澤大成・森永　宏・橋本寿夫・元山茂樹・森江孝志・中尾賢一・Francis HIRSCH・香西　武（2000）：徳島県神山地域の秩父北帯・御荷鉾帯，阿波学会紀要，46 号，pp.1-12

　　　　　　　　　　　　　　　　　　　　　　　（元山　茂樹）

10. 剣 山 コ ー ス

　西日本第二の高峰の剣山(標高 1 955 m, **図 10-1**)は, もともと信仰の山として開かれました。戦後の登山ブームが訪れるとともに剣山の開発も進み, 今日では, 観光の山としても多くの登山者が訪れるようになっています。また, 剣山を中心とする山岳地域や周辺の渓谷は, 昭和 39 年 (1964 年) 国定公園に指定され, 美しい景観と珍しい高山植物を見ることもできます。山頂には, 2001 年 3 月末で閉鎖となった剣山特別地域気象観測所 (旧剣山測候所) の建物があります。かつては, 富士山に次ぐ国内で 2 番目に高い山岳気象観測所のある高山としてもその名は知られていました。

図 10-1 見の越から剣山を望む

　バスまたは自動車により剣山へ向かうルートは三つあり, いずれも中腹にある登山基地の見の越 (標高 1 400 m) を経由します。貞光町から鳴滝・土釜を通り貞光川沿いに見の越へ至るメインルートのほかに, 東は神山町や穴吹町から四国一の清流, 穴吹川沿いに見の越へ至るルート, 西は大歩危・小歩危や祖谷のかずら橋を通り祖谷川沿いに見の越へ至るルートが考えられます。山頂へは見の越から西島駅 (標高 1 700 m) まで観光リフトがあり, そこから約 40 分ほどの山道で登頂することができます。**図 10-2** に案内図を示します。

　剣山周辺は秩父帯の岩石で構成されていますが, 第四紀に九州で活動した火山から噴出した火山灰で厚く覆われているため, 岩石の露出はあまり見られません。見の越から山頂までは, 千枚岩質の砂岩やチャート・石灰岩が分布して

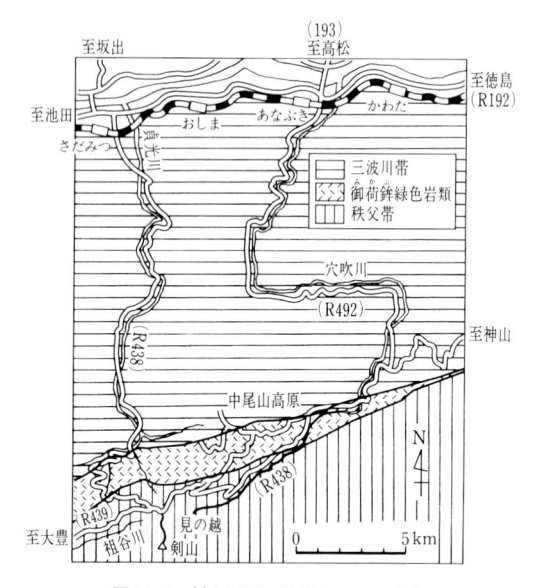

図 10-2 剣山周辺の地質とコース案内

います。また，この地域から北方に向けては，御荷鉾緑色岩類の岩石や三波川帯の結晶片岩が帯状に分布しており，それぞれ断層で接しています。見の越に至るまでの道中では，これらの岩石がつくりだす渓谷美が，私たちの目を楽しませてくれます。

10-1 中尾山高原周辺の御荷鉾緑色岩類

　JR 穴吹駅から木屋平村を経て剣山へ向かう道路があります。穴吹駅周辺の町並みを抜け，穴吹川がつくる渓谷沿いに広がる三波川帯の結晶片岩を眺めながら木屋平村へと入り，役場を少し過ぎたところで神山町から来る国道 438 号線と合流します（**図 10-3**）。このまま国道でも剣山登山基地の見の越まで行くことができますが，ここでは途中，中尾山高原一帯に分布する御荷鉾緑色岩類の岩石を観察していくことにします。剣山国定公園の東端にあたる赤帽子山から中尾山周辺は，標高 1000 m ほどのなだらかな高原地帯が広がり，御荷鉾緑

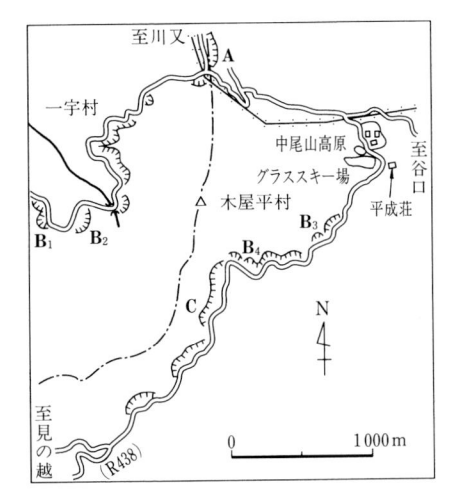

図10-3 中尾山高原付近のルートマップ

色岩類の岩石で構成されています。神山町から続く御荷鉾緑色岩類とは鮎喰川断層によって切られているため，木屋平村から剣山北方を通り高知県土佐町に至る連続した別のレンズ状岩体を形成しており，三波川帯および秩父帯の岩石とは断層で接しています。

〔みどころ〕
① 三波川帯の泥質片岩の観察
② チャートに挟まれる緑色岩の岩相変化を観察
③ アルカリ玄武岩の観察

〔地図〕 2万5千分の1「谷口」

〔交通〕 JR穴吹駅前から穴吹・木屋平連絡バスの剣山川上(かわかみ)行きのバスが運行していますが，中尾山高原・見の越に至る便はありません。自動車で穴吹から中尾山高原は1時間30分，さらに見の越までは40分かかります。

〔注意〕 道路工事による通行制限が多い区間です。最寄りの役場または土木事務所で道路情報を入手して計画を立てて下さい。

地点A　三波川帯の泥質片岩

中尾山高原グラススキー場では宿泊施設も完備しており，夏山シーズンには剣山登山の拠点ともなります。木屋平村谷口から自動車道で中尾山高原へ登ってくると，グラススキー場の平成荘と一宇村へ向かう道路の分岐点にさしかか

ります。ここから一宇村へ向かう道路をしばらく行くと，頭上を送電線が通るほぼ真下に，林道（工事中）との分岐点があります。この付近は三波川帯と御荷鉾緑色岩類の境界付近にあたり，林道入口付近から北側には三波川帯の結晶片岩が分布し，これより南側では御荷鉾緑色岩類の岩石が分布しています。

この付近でみられる黒っぽい色の片理(へんり)が発達した岩石は，三波川帯の泥質片岩で，白色の部分は石英脈です（図10-4）。この泥質片岩は，泥岩が大きな圧力を受けてできた変成岩で，このような岩石を形成した変成作用を三波川変成作用とよびます。泥質片岩はもろく容易に薄くはがれる性質があり，このような岩石が水を含むと，地滑り災害を引き起こすことがあります。

図10-4　泥質片岩

地点 B_1，B_2　調和的貫入岩体

頭上を送電線が通る分岐点から林道に入ると，入口付近では先ほど見た三波川帯の泥質片岩があります。しばらく植生や土壌に覆われて露頭が途切れますが，その先からは先ほどの片理の発達した岩石とは異なる緑色をした岩石が断続的に分布しています。これは佐那河内地域や神山地域に分布している岩石と同様な御荷鉾緑色岩類の岩石です。三波川帯の泥質片岩と比較すると，御荷鉾緑色岩類の岩石は色が緑色で片理の発達が弱いことから，明らかに異なる種類の岩石だとわかります（図10-5，図10-6）。目的の地点に至るまでの林道沿いの岩石は，すべて御荷鉾緑色岩類の岩石で層状チャートを挟んでいます。約2kmほど行くと，目的の露頭に到達します。ここでは，層状チャートの地層面に対してマグマが平行に貫入(かんにゅう)してできた岩体を観察できます。図10-7に示すように，貫入岩体には地層面や片理面に対して平行に貫入（調和的貫入）したものと，地層面や片理面を切るように貫入（非調和的貫入）したものがあります。

前者の岩体の中で傾斜が水平に近いものはシルとよばれ，広域変成作用など

図 10-5 チャートに貫入した岩体    **図 10-6** チャートとの接触部

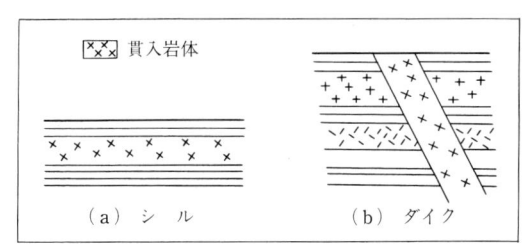

図 10-7 貫入岩体
(a) シル　　(b) ダイク

により傾斜が垂直に近い状態になっているものを調和的シートとよびます。後者は岩脈（ダイク）とよばれ方向性には関係ありません。この岩体は緑色岩を挟むチャートの傾斜が 80°S と 78°S で垂直に近いことから調和的シートと考えられます。このような岩体では，チャートに接する急冷された部分の岩石から岩体内部で比較的徐冷された部分の岩石まで岩相が変化しています（**図 10-8**）。

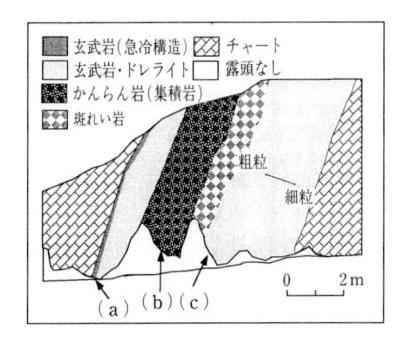

図 10-8 岩相変化

岩石薄片をつくって顕微鏡で観察すると，岩相変化とともに岩石組織も変化していく様子が明瞭にわかります。**図 10-9** の偏向顕微鏡写真は，図 10-8(a)(b)(c)の岩石組織を表しています。チャートに接する 3〜5 cm までは細粒で樹枝状（デンドリティック）の単斜輝石を含む無斑晶質岩からなり，その内側では約 70 cm まで斑状組織を示す玄武岩からなります。さらに内側では，単斜輝石の大きな結晶がかんらん石（矢印）を包有したポイキリティック組織を示すかんらん岩があります。

(a) デンドリティック組織

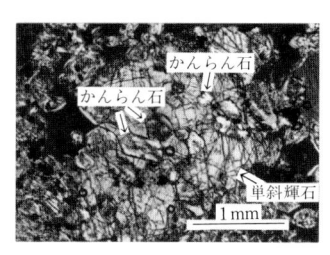

(b) ポイキリティック組織

(c) オフィティック組織

図 10-9　岩石組織（図 6-8 の (a)(b)(c)の部分）

この岩石はマグマが冷やされた初期に晶出したかんらん石が沈積した岩石で，かんらん石の結晶集積岩とよびます。その内側には粗粒の単斜輝石と斜長石（矢印）がつくる，かすり模様のようなオフィティック組織が特徴的な斑れい岩やドレライト（粗粒玄武岩）へと変化し，反対のチャートに向かって徐々に細粒になっていきます。典型的なシルの岩体ではチャートに接する双方で冷却縁が確認されるはずです。しかし，この岩体では，徐々に細粒になっていきますが一方ではチャートとの接触部で完全な冷却縁は認められません。チャートとの接触部が変成作用によって少しずれたのか，あるいは別の溶岩に接して

いた部分が欠落しているのかもしれません。いずれにしても，チャートが形成されるのは静穏な大洋の深海底であることから，これに貫入したこのような岩体は，昔の太平洋地域の火成活動によって形成されたと考えられます。

また，この岩体の北側のチャートから道路沿いにこの岩体を見ていくと，約10 m の緑色岩を挟んで約15 cm の薄いチャートがあります。ここからは先ほどと同様な岩相変化を繰り返し観察することができます。反対側ではチャートと接していませんが，急冷部と思われる玄武岩では単斜輝石が長く伸びた岩石組織が観察されます（**図 10-10**）。このような調和的シートの岩体は，谷を挟んで反対側にも 100 m 近く繰り返し連続して分布しています。（図10-3の地点 B_2）。落石防護用の金網で覆われているので注意して観察して下さい。また，平成荘から見の越に至る道路沿いの地点 B_3，B_4 でも，同様の岩相変化を見ることができます。

図 10-10 伸長した単斜輝石　　**図 10-11** 砂時計構造を示す単斜輝石

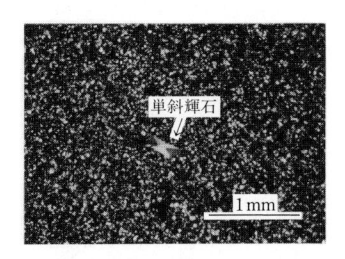

地点 C　アルカリ玄武岩

平成荘まで戻り，今度は見の越に向かう南側の道路沿いを観察していきます。この道路沿いからは，天候に恵まれれば剣山山頂付近の山小屋を望むことができます。道沿いには御荷鉾緑色岩類の岩石が断続的に分布しており，北側の林道と同様な岩相変化は地点 B_3，B_4 でも見ることができます。これらの岩体は傾斜が小さく産状はシルとよぶのがふさわしいかもしれません。

さらに道路沿いに進み大きな谷を越えると，そこから国道と合流するまでの間に分布している緑色岩はチャートを伴いません。一見，同様な緑色岩に見えますが，岩石薄片を作って鉱物を観察すると大きな違いがあります。写真中央（**図 10-11**）に見える鉱物はチタンに富む単斜輝石で淡桃色をしており，砂時

計の形に似た特徴的な構造を示しています。このような鉱物を含む岩石はアルカリ岩とよばれ、アルカリ元素を多く含むマグマから形成されたと考えられます。このような岩石の化学組成は、現在の地球上ではハワイのようなホットスポットとよばれる火山島によく似ています。これらの岩石も、かつては太平洋地域の火成活動によって形成されたものと考えられます。

10-2 土釜の甌穴と鳴滝

JR貞光駅から貞光川沿いに一宇村を経て、見の越へ至る道路があります。かつては穴吹川沿いに見の越へ向かうルートが主流で、信仰の対象物も多くあり表参道とよばれていました。しかし、信仰のための登山者が少なくなったことや、距離的に短いこと、途中に土釜の甌穴、鳴滝、夫婦池などの景勝もあって変化に富んでいることから、現在ではこのルートが剣山登山客のメインルートとなっています（図10-12）。

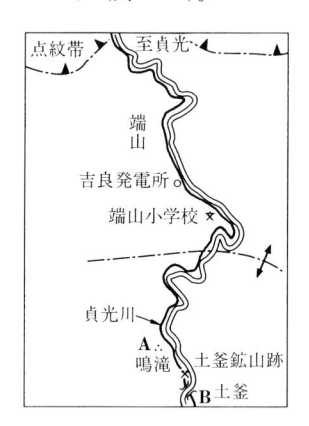

図10-12 土釜周辺の案内

貞光川沿いに見の越までは、北から三波川帯、御荷鉾緑色岩類、秩父帯の岩石が分布しており、それぞれはたがいに断層関係にあります。三波川帯の岩石は、貞光町から一宇村の葛篭付近まで分布し、点紋帯と無点紋帯に分けられます。北縁部はより高温で変成を受けた点紋帯の塩基性片岩からなり、曹長石点紋があります。これより南側には、曹長石点紋がない無点紋帯の結晶片岩からなります。葛篭から剣山スキー場にかけては御荷鉾緑色岩類の岩石が分布し、

ハイアロクラスタイトや塊状溶岩などの火山岩が広く分布しています。小さな岩体としては蛇紋岩などのかんらん岩と斑れい岩およびチャートが分布しています。これより南側の秩父帯では，見の越周辺のチャートや砂岩などを観察できます。

〔みどころ〕

① 鳴滝を構成する岩石の観察
② 土釜の甌穴を観察

〔**地図**〕 2万5千分の1「剣山」，「阿波古見」

〔**交通**〕 夏の登山シーズンは貞光駅前から見の越まで1日3便の定期バスと葛篭行きのバスが運行しており，所要時間は約1時間です。

〔**注意**〕 道路工事による通行制限が多い区間なので，最寄りの役場または土木事務所で事前に情報を得ておくとよいでしょう。

地点 A　鳴滝

JR貞光駅前から貞光川沿いに国道438号で見の越へと向かいます。鳴滝付近の前後約20km続く渓谷は一字峡とよばれています。貞光町の中心部から約12kmで鳴滝展望所に着きます。川を隔てて対岸に鳴滝を一望することもできます。鳴滝は七つの滝からなり，名称も七滝から転訛したといわれています（**図10-13**）。滝の高さは85mで三段になって貞光川に真っ直ぐに細長く落下しています。季節によって水量は変化しますが，滝の落差は県内では最大級のものであり，周囲の渓谷美に色を添えています。滝を構成している岩石は，三波川帯無点紋帯の塩基性片岩（青石）です。

図10-13　鳴　　　滝

地点 B　土釜の甌穴

鳴滝から再び国道に戻り，800 m ほど上流へ進むと土釜に到着します。このあたりは貞光町と一宇村の境界付近で，土釜は一宇村にあります。土釜という名は字のごとく，御飯を炊いた昔の釜のような滝壺であることに由来しています（**図 10-14**）。

土釜の甌穴は昭和31年（1956年）に県文化財の指定を受けており，10.5 m・6 m・7 m と三つの甌穴（ポットホール）からなります。甌穴をつくっている岩石は三波川帯無点紋帯の塩基性片岩（青石）からなります。甌穴のある場所には下りることができませんが，その上流の河床に下りることはでき，この下りた地点には褶曲した褐色のスティルプノメレーン片岩を挟んでいます（**図 10-15**）。

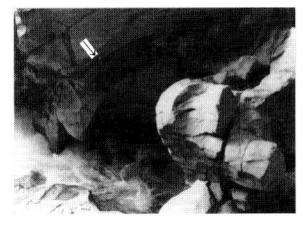

図 10-14　土釜の甌穴と塩基性片岩　　**図 10-15**　スティルプノメレーン片岩

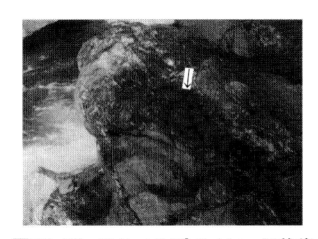

では，このような甌穴はどのようにしてできたのでしょうか。**図 10-16** を見ながら説明していきます。まず，河川に露出している母岩となる岩石に一部ひび割れなどの小さな穴が形成されます。そこへ流水によって運ばれてきた小さな岩石が入り込み，流水の働きによって小さな穴の中でごろごろ転がりながら穴を大きく広げていきます。穴が大きくなったら，さらに大きな岩石がその穴に入り込み，穴を大きく広げていきます。このようなことが長年にわたって繰り返されると，甌穴はどんどん成長していきます。よく，このような甌穴を大

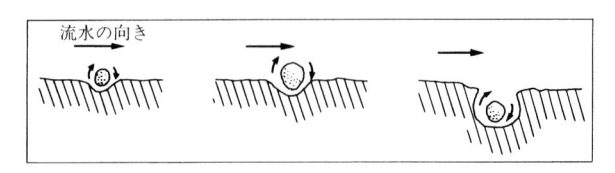

図 10-16　甌穴（ポットホール）のでき方

きくしているのが中に落ち込んだ岩石であることの証拠として，この甌穴の中に丸い岩石が残っていることがあります．中には2，3個といった複数の丸い岩石が見つかることもあります．

10-3 剣山（見の越から山頂）

剣山登山の中腹の基地となる見の越は，この地域の交通の要所でもあり，北の貞光，東の穴吹・神山，西の祖谷方面へ続く国道の分岐点となっています（図10-17）．剣山周辺地域は秩父帯の岩石が分布していますが，第四紀に九州の火山から噴出した火山灰によって厚く覆われており，高い山地であるにもかかわらず岩石の露出がなく，チャートや石灰岩などをわずかに見ることができます．

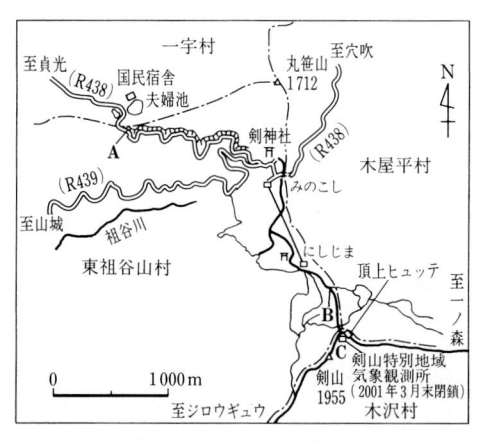

図 10-17 丸笹山から剣山山頂のルートマップ

〔みどころ〕
① 丸笹山から夫婦池周辺に見られる秩父帯の赤色チャートの観察
② 登山道の石灰岩や火山灰と山頂のチャートの観察
③ 山頂の宝蔵石チャートの観察と剣山特別地域気象観測所
〔地図〕 2万5千分の1「剣山」
〔交通〕 見の越までは夏山シーズン中はJR貞光駅前から見の越行きバスが

1日3往復しています。山頂までは，登山道以外に見の越駅から西島まで登山リフトを使うこともできます。

〔注意〕 標高1400m以上のフィールドですから，低地の天候とは異なることがしばしばあります。冬季は積雪（1mぐらい），雨季は土砂崩れなどによる通行制限も多い区間です。最寄りの役場または土木事務所で事前に情報を得ておくことや十分な装備をしておくことが大切です。

地点A　見の越のチャート

鳴滝から貞光川沿いに上流へ向かって進み葛篭の集落があるあたりまで来ます。この付近は，三波川帯と御荷鉾緑色岩類の境界にあたり，両者は断層で接しています。ヘアピンカーブを何度も通り過ぎ剣山スキー場に至る手前までは御荷鉾緑色岩類の岩石が分布しています。道沿いには蛇紋岩や紅れん片岩などの露頭がわずかに見えているぐらいで連続したものはありません。秩父帯の分布域に入りしばらく行くと，道路の傾斜も緩やかになり夫婦池のある付近まで到着します。この付近から，道沿いに南側へ回り込むと見の越へ到着します。道沿いには，展望所も設けられており天候が良ければ山頂近くの山小屋を望むことができます。この付近では赤色チャートが分布しています。落石防止用の防護壁や金網が設けられており観察できる場所は少ないですが，地点Aでは道路沿いの露頭で赤色チャートの層状構造を観察することができます（図10-18）。

図10-18　赤色チャート　　　図10-19　石　灰　岩

地点B　登山道の石灰岩と火山灰

見の越から山頂までは登山道で行くことも一部リフトを使うこともできます。ここでは見の越駅から西島駅までリフトを利用し山頂まで登ってみることにします。見の越から約15分でリフトは西島駅に到着します。この間，剣山や高山植物についてテープレコーダーによる解説が聞こえます。また，リフト

が登っていくに従って見の越へとたどってきたそれぞれのコースが一望でき，眼下に広がる壮大な景観は見ごたえがあります。北側に向かっては，御荷鉾緑色岩類や三波川帯を形成する山並みが続きます。

西島駅から山頂までは徒歩になります。途中，登山道には白っぽい岩石がたくさん転がっていますが，これらはすべて石灰岩です（**図10-19**）。珊瑚や石灰質の殻をもつ生物の遺骸が集まってこのような岩石ができます。地球ができた当初の大気には炭酸ガスがたくさん含まれていたと考えられています。このような炭酸ガスは海水に溶け込みます。溶け込んだ炭酸ガスは珊瑚などによって吸収され，これらの遺骸が堆積して石灰岩を形成しているのです。すなわち，地球創世期の炭酸ガスを貯蔵したのが石灰岩なのです。

地点C　剣山山頂

剣山は古くからの信仰の山として開かれましたが，大正・昭和の初期に登山する人は，旧暦の6月12日から17日までの例祭日にいるくらいで，その他の日にはほとんど山へ登る人はありませんでした。しかし，戦後の登山ブームが訪れるとともに，周辺地域の開発も進んだことから，現在では観光の山としても広く親しまれています（**図10-20**）。

図10-20　山頂からジロウギューを望む

図10-21　宝蔵石のチャート

登山道を登り終わると，山頂手前の山小屋付近に奉られた宝蔵石がみえてきます。剣山山頂はチャートが泥岩層中に岩塊として含まれるオリストストローム層でできており，この宝蔵石も片状のチャートです（**図10-21**）。名前のとおり剣山が険しい地形をしているのは，剣山頂上付近がこのような堅いチャートでできているためと考えられます。

山頂手前には前に述べたように2001年3月末閉鎖した剣山特別地域気象観測所の建物があります（**図10-22**）。1944年に観測業務を開始して以来1990年

図 10-22 山頂の剣山特別地域気象観測所の建物（2001年3月末閉鎖）

頃までは剣山測候所として有人観測をしていましたが，その後無人化（自動気象観測）となり，観測データは人工衛星を通じて自動的に送られていました。気象に関する大規模な変化をつかむためには高層の気象観測が必要です。剣山山頂はその高さから約 800 hPa の気圧であり，地上ではラジオゾンデなどにより1日数回しか観測できない高層の気象データを定常的に収集することができました。今日では，気象衛星によって多くの情報を事前に入手できるようになりましたが，冬の伊吹，夏の剣とよばれるほどに，昔から西日本に近づく台風の進路や梅雨季の前線の動きなどを予測するうえで重要な役割を果たしてきました。

引用・参考文献

1. 岩崎正夫編 (1979)：徳島の自然1，徳島市民双書，徳島市中央公民館，p.279
2. 岩崎正夫 (1990)：徳島県地学図鑑，徳島新聞社
3. 日本の地質「四国地方」編集委員会編 (1991)：日本の地質8 四国地方，共立出版
4. 徳島の自然（自然公園と自然環境保全地域），徳島県
5. 菅野三郎監修 奥村 清編 (1997)：地学の調べ方，コロナ社
6. 今西錦司・井上靖監修：日本の湖沼と渓谷11 中国・四国，ぎょうせい
7. 日本気象協会編 (1998)：徳島の気象100年，徳島地方気象台，徳島出版
8. 森清寿郎 (1979)：徳島県，剣山地方みかぶ緑色岩類の岩石学的研究，地質学雑誌，Vol. 85, No. 6, pp. 299-306
9. Takeda, K. (1984)：Geological and Petological Studies of the Mikabu Greenstones in Eastern Shikoku, Southwest Japan., J. Sci, Hiroshima Univ, Ser. C. 8. 221-280
10. Isozaki, Y., Maruyama, S. and Fukuoka, F. (1990)：Accreted oceanic materials in Japan, Tectonophysics, Vol. 181, pp. 179-205
11. 小澤大成・元山茂樹・井上宗弥・加藤泰治・村田 守 (1999)：四国東部みかぶ緑色岩類の岩石学的特徴，地質学論集，52号，pp. 217-227

（元山 茂樹）

11. 羽ノ浦山コース

　小松島市と阿南市に挟まれた羽ノ浦町の北西部は，海抜 100～125 m のなだらかな起伏のある丘陵になっています。これが東方向に町の中央部まで張り出していて，「羽ノ浦山」とよばれています。

　羽ノ浦山には，今から約 1 億年前の白亜紀に堆積した浅海から汽水層（主として砂岩・泥岩層）が分布しています。これらの地層は，二枚貝・アンモナイトなどの化石や放散虫をはじめとする微化石を多く産することでよく知られています。また，羽ノ浦山南縁には，古生代の地層や断層に伴う蛇紋岩が断片的に見られます。

　アンモナイトや二枚貝，植物などの化石が，これだけ市街地から近いところで産出するところは県内でも珍しく，国道から少し入ったところで，地層や化石の観察をすることができます。

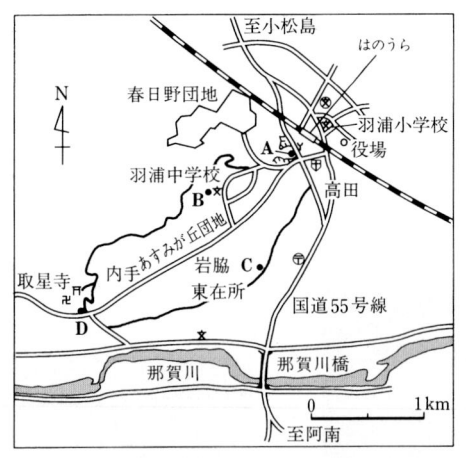

図 11-1　羽ノ浦山の行程図

〔みどころ〕

① 図 11-1 の地点 A では，砂岩と泥岩の互層からなるしま模様がはっきり観察できます。砂岩，泥岩，礫岩の特徴を実物に触れて観察しましょう。近くに同様の露頭があるので，地層の空間的な広がりもわかります。

② 地点Bでは貝の化石が採集できます。化石から地層ができた当時の環境を想像してみましょう。
③ 地点Dでは、黒瀬川構造帯に属する古生代の古い地層が観察できます。

〔交通〕 JR羽ノ浦駅から徒歩で10分程度で一番近い地点Aの牛落山(うしおちやま)の露頭に到着します。

〔地図〕 2万5千分の1「阿波富岡」、「立江」

〔注意〕 足場の悪いところもあるので、底の厚い軽登山靴をはいていくほうがいいでしょう。全部の露頭をまわるには、2時間程度要します。

〔観察〕

地点A 牛落山の露頭

国道沿いの採石場跡であり、国道沿いの派出所の前から登る道があります。風化がそれほど進んでいないので、観察しやすい露頭です。ここでは黒色泥岩、泥岩・砂岩互層、礫岩などが見られます（**図11-2**）。泥岩勝ち砂岩・泥岩互層（泥岩20 cm程度、砂岩10 cm以下）は、しま模様がはっきりとわかります。ここの砂岩の層理面を見ると、比較的平坦な面と凹凸がある面とがあり、凹凸がある面が底面です。この互層の露頭は右手前にも見られ、地層のつながりや広がりをつかむことができます。

牛落山南斜面では、礫岩とその上位に石灰岩があり、その上にここの黒色泥岩が重なっています。これと同様の堆積の繰り返しは、明見(みょうけん)や古毛(こもう)、さらに覗石(のぞきいし)東方にも見られ、地層が連続していることがよくわかります。

図11-2 牛落山の露頭　　　図11-3 羽浦中学校裏の露頭

右手前の砂岩・泥岩互層（砂岩最大60 cm，泥岩5 cm程度）の中には，厚さ40 cmほどの薄い凝灰岩層を伴います。この凝灰岩は灰白色で，SiO_2（二酸化けい素）に富む火山灰が固まったものです。ここから北に30 mほど細い道を登ると，やや風化していますが丸みを帯びた5 cm前後の礫を含む礫岩層が観察できます。

地点B　羽浦中学校裏

羽浦中学校の裏には，泥岩および泥岩勝ちの砂岩・泥岩の互層が見られます（**図11-3**）。

ここの灰色の砂岩層（層厚約1 m）の一部はもろくてこわれやすく，そこに貝化石が密集しています（**図11-4**）。

この砂岩層には，コストシレナというシジミのなかまの貝化石が含まれています。コストシレナは汽水性の二枚貝ですから，この貝を含む地層は，真水や真水と海水が混じり合うところでできたことがわかります。つまり，河口近くでたまった地層であることを示しています。また，この層にはローファというカキや巻貝の化石も含まれています。

ここは貝化石の採集には適した露頭ですが，採集は必要なだけにして，落とした石は必ず片付けましょう。また，中学校の敷地内ですので，許可を得てから立ち入るようにしましょう。

地点C　東在所の道路脇の石碑

正確にいうと露頭ではありませんが，ここにはアンモナイトの化石の入った

図11-4　羽裏中学校裏の貝化石　　**図11-5**　東在所のアンモナイトの入った石碑

石碑があります（**図 11-5**）。羽ノ浦町から産出したアンモナイトの化石が間近に見えるという意味で，貴重な石碑です。この石碑の産地は明らかでありませんが，古毛北の砂岩と同質のものと考えられています。アンキロセラス類のアンモナイトで，白亜紀の異常巻きのアンモナイトです。化石が入っていることで，こうして石碑として立てられているものと思われます。以前は右上部にもう1個アンモナイトがあったそうですが，現在は失われて1個だけになっています。

地点 D　岩脇公園・妙見山登り口

岩脇公園・妙見山の登り口では，約4億年前の変成岩が蛇紋岩の中に取り込まれている露頭が見学できます（**図 11-6**）。変成岩は暗緑色で塩基性片岩とみられ，片理がよく発達しています。一見したところ三波川帯に出現する結晶片岩とよく似ています。

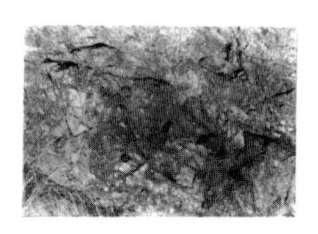

図 11-6　岩脇公園登り口の蛇紋岩

蛇紋岩はもともとはかんらん岩であったものが，現在ではほとんどが蛇紋岩に変わったもので，東方の内手付近にも大きな露頭があります。

これらの岩石は，黒瀬川構造帯に属する岩石と考えられています。羽ノ浦町で古生代の地層を見ることができるのは，ここだけです。

参 考 文 献

1. 石田啓祐・須鎗和巳・寺戸恒夫・東明省三・久米嘉明・祖父江勝孝・細岡秀博・橋本寿夫（1985）：羽ノ浦山系の地質と古生物，阿波学会紀要，No.31, pp.75-86
2. 石田啓祐・橋本寿夫（1991）：四国東部秩父累帯下部白亜系の放散虫群集とそのアンモナイトによる年代，徳島大学教養部紀要（自然科学）25巻，pp.23-67
3. 石田啓祐（1996）：羽ノ浦町誌「自然環境編」，第3章地質，pp.161-244

（福島　浩三）

12. 勝浦川盆地コース

　勝浦川上流の勝浦川盆地は，勝浦町と上勝町を合わせた地域です（図12-1）。勝浦川盆地は貝殻や植物の化石を産することで全国的に知られています。化石は約1億年以上前に堆積した白亜紀前期の地層から産しています。白亜紀前期の地層は古い順に立川層，羽ノ浦層，傍示層，藤川層の4層です。立川層は汽水の二枚貝や植物化石を多く産することから，河口近くで堆積してできたと考えられています。

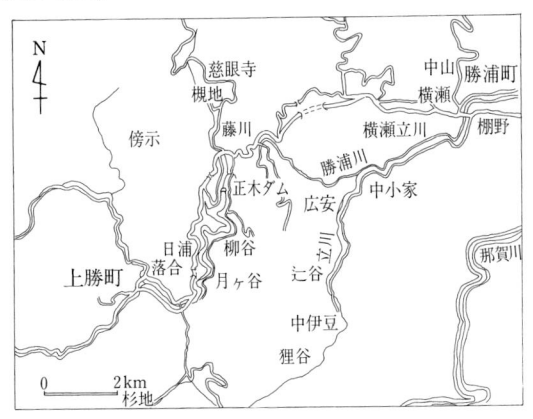

図12-1　勝浦川盆地の略図

　立川層からは恐竜の歯の化石も見つかっています（両角ほか，1995）。他の3層は海生二枚貝やアンモナイトの化石を産するので海底に堆積してできたと考えられています。羽ノ浦層はアンモナイトや多くの二枚貝を，傍示層は三角貝（トリゴニア）や植物化石を，藤川層はアンモナイトを産します。勝浦川盆地の白亜紀前期の地層の下にはチャートや石灰岩を含む三畳紀からジュラ紀の神山層群が広がっています。白亜紀前期層の南には坂州衝上線という断層を境に，秩父帯中帯の黒瀬川構造帯や白亜紀前期の地層も分布しています。勝浦川盆地の地層は那賀川下流域の羽ノ浦山周辺にも分布しています（コース11）。勝浦川上流の月ヶ谷には温泉や野外キャンプ場などの施設もあります。勝浦川盆地の北の慈眼寺には大きな石灰岩があり，洞窟や滝も見られます。

134　Ⅱ．徳島県の地質めぐり

〔みどころ〕
① 勝浦川盆地の地層は全国的にも知られた中生代白亜紀地層の一つです。いろいろな種類の堆積岩や化石の観察・採集もできます。
② 徳島県で最古の岩石である黒瀬川構造帯の地層や岩石を観察できます。

〔**地図**〕　2万5千分の1「阿波三渓」，「阿井」，「立江」

〔**交通**〕　自家用車で徳島市内から30分，徳島駅前から徳島バスが上勝町方面へは毎日6便出ています。しかし，各コースをまわるには自家用車でないと困難です。

12-1　立　　川　　谷

コースの行程図を**図12-2**に示します。

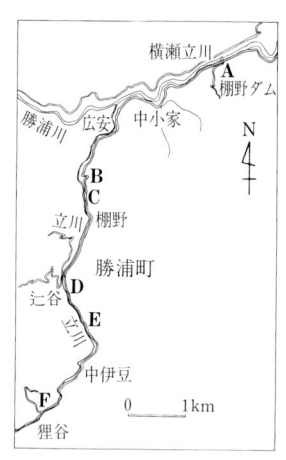

図12-2　立川谷コースの行程図

地点 A　棚野ダム

県道上勝線を横瀬橋の手前で左に折れ，勝浦川に沿って上流へ向かうと，途中右手に棚野ダムが見えてきます（**図12-3**）。西には勝浦発電所があります。この付近は羽ノ浦の黒色の砂質泥岩や泥岩が分布しています。この付近ではアンモナイト，二枚貝，ウニなどの化石が産します。道路際のがけは崩れやすいので，むやみに岩石を採集しないようにしましょう。この付近はN60°〜70°E，60°Sと北東走向で南傾斜です。道路の横にパイプが見えてきますが，これ

により西の正木ダムから水を引いてきています。勝浦発電所は、この水で発電しています。この付近の泥岩から化石が多く採集できます。棚野ダムから上流の立川谷にかけて白亜系は向斜構造をしており、棚野ダム周辺ではその北翼が見られます。羽ノ浦層からはアンモナイトのほか特徴的な二枚貝のプテリレナシノハライが採集できます（図12-4, 図12-5, 図12-6）。

図12-3　棚野ダム

図12-4　アンモナイト

図12-5　アンモナイト

図12-6　プテリネラシノハライ

地点B　立川

勝浦川支流の立川沿いの道を進むと、図の地点B付近に羽ノ浦層と立川層の境があります。羽ノ浦層最下部層にはチャートや石灰岩の礫が含まれています。石灰岩の礫の中にはフズリナの化石が含まれていることがあります。立川層では植物化石や汽水生の二枚貝が密集している部分もあります。この付近は、向斜構造の南翼にあたるため立川に沿って上流へ行くほど下位の古い地層が出ることになります。走行と傾斜を測り確かめましょう。

地点C　立川支流路

地点Cに立川支流路があります。そのすぐ上流に砂防ダムがあります。上流から運ばれてきた土砂がダムにたくさんたまっています。この付近は厚い立

川層の砂岩層が道路の横に見られます。厚い砂岩が途切れるとつぎに黒い色の泥岩層が見られます。走向，傾斜を測りましょう。地層の中には化石が多く含まれています。特にこの付近では，大型の汽水生二枚貝ハヤミナナウマニイ（**図12-7**）が産します。最近，この周辺の立川層では草食恐竜イグアノドンの歯の一部が発見されています（**図12-8**）。

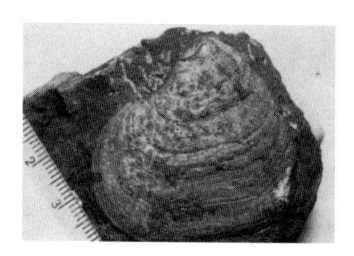

図12-7 ハヤミナナウマニイ

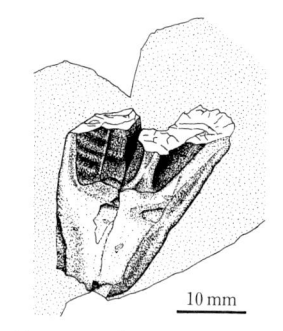

図12-8 イグアノドンの歯の一部
（両角ほか，1995）

　道路に沿って，立川層の厚い砂岩層が続きます。さらに上流に行くと白亜紀の地層は途切れ，見られなくなり，古生代二畳紀層が出てきます。白亜紀の地層と二畳紀層とは断層で切られています。この断層が坂州衝上線です。この道路際では，露頭が悪く断層は確認できません。二畳紀層の岩石をハンマーで割ると断面は片理が見られ千枚岩化しています。坂州衝上線から南が秩父帯中帯です。この付近の二畳紀層の泥岩の中には，石灰岩やチャートの大きな塊が含まれています。このような地層がメランジュです。しばらく行くと町起こしによる実物大恐竜模型や恐竜大権現がありますが，この付近には白亜紀の地層の露頭はありません。

地点D　迂谷（すべりだに）

　地点Cからさらに上流に進むと，左に橋があります。この橋の手前の道路際は蛇紋岩の露頭です。この蛇紋岩の中に花こう岩質岩塊が含まれており，岩塊中にはひすいが含まれています（岩崎，1979）。橋の対岸は花こう岩です。左の道をさらに上流側に向かうと神社の横に小さな谷があります。この谷の中には，ややピンク色をした石灰岩が転がっています。この石灰岩は古生代シル

ル紀のものです。この迂谷付近の石灰岩からクサリサンゴ(**図12-9**)や三葉虫の化石が見つかります。県指定天然記念物の立て札(**図12-10**)が対岸にあります。地点D〜焼却場手前の橋までは県下でも最古の岩石が見られます。これらの岩石は4億年以上も前にできた黒瀬川構造帯の岩石です。黒瀬川帯の岩石の路頭は断層に挟まれ、阿南市からこの迂谷を経て上那賀町へと点々と続きます。

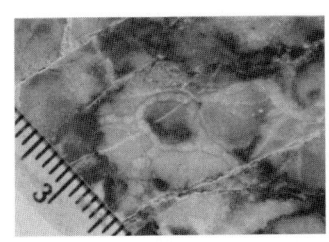

図12-9 クサリサンゴ

図12-10 天然記念物の立て札

地点E　中伊豆

地点Eの橋の下流側に断層があります。橋を渡りさらに上流に向かうと、秩父帯中帯の中伊豆層の白い砂岩層が次の橋の周辺に見えてきます(**図12-11**)。この砂岩は泥が非常に少なく、ほとんど石英と長石からできており、アルコース砂岩といいます。アルコース砂岩は中帯の中伊豆層によく見られる砂岩です。この中伊豆層の砂岩中にトリゴニアの化石が含まれています。さらに上流に行くと勝浦町のクリーンセンターが見えてきますが、この付近の露頭はよくありません。

図12-11 中伊豆層の砂岩層

図12-12 アンモナイト(藤川層)

地点 F　狸谷(まみだに)

　クリーンセンター上流の橋を渡りしばらく行くと家があり，その裏に石灰岩の岩塊が露出しています。川床は白亜紀以前にできたメランジュで，チャートの岩塊も見られます。地点Fから上流には東西性の断層が何本も通っており，地層は複雑になっています。川に沿って十二社衝上(じゅうにしゃしょうじょう)という断層がとおっています。十二社衝上の南が秩父帯南帯です。この付近は道路があまり整備されていません。また，岩石はもろくて崩れやすくなっています。危険なところには近づかないようにしましょう。

福川

　上勝町福川の勝浦川の河原には藤川層の黒色泥岩層の露頭が見られます。この中からはアンモナイト（**図 12-12**）や二枚貝の化石が産出しています。藤川層は勝浦川の北側にも広く分布しています。正木ダム北に傍示層と藤川層との境があります。藤川層には黒く厚い泥岩が見られます。石灰質のノジュールも多く含まれますが，化石の産する場所は限られています。藤川層は酸素が少ない環境で堆積した（前田ほか，1987）との説もあります。

12-2　正木ダム

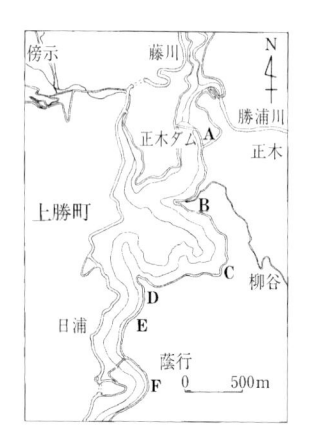

　コースの行程図を**図 12-13**に示します。

図 12-13　正木ダムコース行程図

地点 A　正木ダム

正木ダムは勝浦川をせき止めたダムです（**図 12-14**）。ここでせき止められた水は立川コースの発電所まで水路で運ばれています。正木ダムの周辺には厚い砂岩が見られ，その中には三角貝（トリゴニア）の化石が密集しているところがあります。じっくりと探してみましょう。急ながけもあるので，上からの落石には十分注意しましょう。正木ダムの周辺は傍示層の厚い砂岩層が分布しています。トリゴニアは，三角形の厚い殻をもつ特徴的な二枚貝です（**図 12-15**）。傍示層には，礫層や炭層もよく見られます。炭層からは石炭が第二次世界大戦後間もなくまで，周辺の勝浦炭坑から採掘されていました。

図 12-14　正木ダム　　　　**図 12-15**　トリゴニア

地点 B　柳谷入り口

入り口付近は傍示層ですが，柳谷の集落に上るにつれて礫岩が多くなっていきます。礫岩が見られる地層は傍示層の下位にあたります。この道をさらに上っていくと柳谷から月ヶ谷の集落に抜けることができます。そして道路に沿って傍示層，上部羽ノ浦層，下部羽ノ浦層，立川層とより下位の地層への変化を見ることができます。しかし，道路はあまり整備されていないので，入る場合は落石などに十分気をつけましょう。

地点 C　石碑

湖南線の碑（地点 C）までの砂岩層中にトリゴニアの化石が密集しています。トリゴニアの化石を採集するには，タガネなどを使い，根気強く化石のまわりの石を取り除くことです。地層表面では殻の石灰質の部分はとけて，凹型だけになっています。ギザギザが目立ち動物の歯のように見えます。石こうやモデリングコンパウンドなどをそこに入れれば，型がとれます。殻がとけていない部分は白い断面でみえますが，堅くて取り出すことは困難です。湖南線の

道路際にはトリゴニアの入った砂岩層が連続してみられます。

地点 D　ヘアピンカーブ

ヘアピンカーブから南は露頭が途切れます。こぶし大の丸い礫が入った厚い礫層が見られます（図12-16）。粒の大きさがそろっていないので、海底を流れ落ちた土石流と考えられています（前田ほか，1987）。この南は，露頭がよくありませんが，泥岩は見られます。この泥岩層は対岸の道路沿いに続き，放散虫やアンモナイトの化石が産出します（石田ほか，1992）。

図12-16　礫　　　層

地点 E　炭層

地点 E 付近の泥岩中には炭層が挟まれています。また，すぐ南の道路際には，砂岩層や礫岩層が見られますが，それぞれの地層の連続はよくありません。泥岩層からは，汽水にすむシジミの仲間の化石が採集されています。地点 D から地点 E の間に産出する化石から，この付近の地層のでき方を考えましょう。

トリゴニアは浅い海岸近くに，放散虫やアンモナイトは海岸から離れた沖合の海に，シジミは河口近くにすんでいます。地点 D からこの地点 E の数百 m の間に化石の産出している環境が急激に変化しているのに気づきます。途中に大きな断層もなかったことから考えると，このような堆積環境の変化をどのように説明したらよいのでしょうか。この理由を説明するためには地層が連続して見える露頭の観察が必要です。この湖南線は，できてから 30 年近くたっており今では露頭の多くは草木や土砂に覆われています。詳しく調査するためには新鮮な露頭が必要です。今から 10 年ほど前に湖南線の東の柳谷から月ヶ谷ルートの林道工事や湖南線西の日浦から落合ルートの林道工事がありました。石田ほか（1992）はこれらのルートを中心にこの地域の下部白亜紀層を詳しく調査しました。そしてその結果は**図 12-17** にまとめられました。立川層は河口

12. 勝浦川盆地コース 141

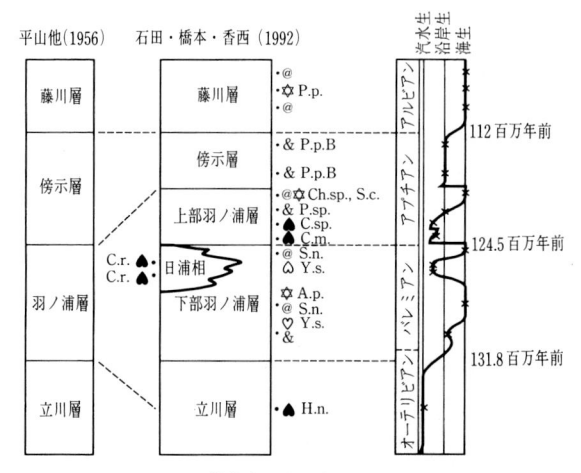

図12-17 勝浦川地域の下部白亜系の対比
（石田・橋本・香西，1992に加筆）

@はアンモナイト　☆は放散虫　▲は汽水生二枚貝　△は海生二枚貝
&はトリゴニア

や内湾的な環境で，下部羽ノ浦層は，アンモナイトや放散虫が見られる沖合環境でできました。

　立川層は汽水成の泥から始まりチャート礫や砂岩が優勢な地層です。下部羽ノ浦層は漣痕を伴う砂岩層から泥岩へと変化しています。立川層から下部羽ノ浦層へ変わるにつれて堆積物が粗い粒から細かい粒へと変化しています。このことを上方細粒化といいます。上方細粒化はしだいに海が深くなっていったこと，つまり海進を意味します。このことは上部羽ノ浦層でもみられ，汽水の二枚貝を産する環境からアンモナイトや放散虫を産する沖合環境に変化しています。つまり羽ノ浦層に2サイクルの堆積サイクルが認められるのです。下部羽ノ浦層と上部羽ノ浦層の間には大きな不連続関係は露頭でも認められません。この堆積環境の変化は当時の海水準の変化によって引き起こされたと考えられます。地点E付近とその西の日浦には汽水の二枚貝を産する地層があります。この地層を日浦相といっています（図12-17）。月ヶ谷ルートに比べ日浦ルートの地層は，泥岩は薄く礫や砂岩が多く見られます。これは日浦ルートの地層ができた地域がより陸地に近かったためと考えられます。

142　Ⅱ．徳島県の地質めぐり

地点 F　橋の南

　橋付近は砂岩が見られますが，さらに南へ進むと泥岩が多くなります。この泥岩は下部羽ノ浦層に属します。アンモナイトや海生の二枚貝が産することがあります。泥岩中に 50 cm ほどの球状の固まりがところどころにあります。これは石灰質のノジュールです。この付近はゆるい向斜になっています。小さな断層がいくつも見られます（**図 12-18**）。断層の向きをクリノメーターで測りましょう。

　この道をまっすぐ南へ進むと月ヶ谷温泉まで行くことができます。橋で引き返し地点 F の橋を渡ると県道へ出られます。

図 12-18　下部羽ノ浦層

12-3　月　ヶ　谷

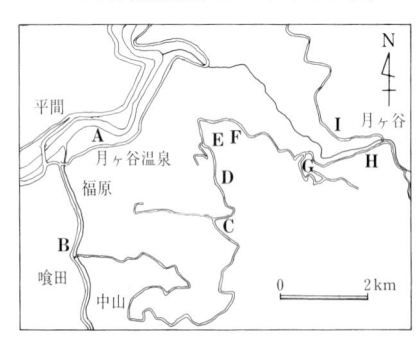

　コースの行程図を**図 12-19** に示します。

図 12-19　月ヶ谷コース行程図

地点 A　月ヶ谷河原

　河原には町営のキャンプ場があり，夏にはたくさんの人がキャンプを楽しんでいます。対岸には月ヶ谷温泉があり，キャンプと温泉，川遊びが楽しめま

す。川の両岸にみられる砂岩層は上部羽ノ浦層に属します。河原では砂岩，礫岩，いろいろな色のチャートや石灰岩のほか梅林石（塩基性火山岩）が採集できます。砂岩にはトリゴニアの化石が入っていることがあります。いろいろな種類の石を拾いましょう。

地点B　林道入り口

南の相生町に抜ける県道沿いに下部羽ノ浦層，立川層が見られますが，ところにより，断層で古生代の地層と接しています。地点Bの橋を渡り細い坂道を登りましょう。道路に沿って見られる岩石が蛇紋岩です。蛇紋岩は東西性の断層に挟まれて露出しています（**図12-20**）。この付近はよく崩れます。採集は控えましょう。

地点C　峠

峠に小屋があります。この峠にも先ほどの蛇紋岩が見られます。地図で確かめましょう。入り口で見た断層はここに続いてきています。

蛇紋岩の南は二畳紀の泥岩で千枚岩化しています。この泥岩から二畳紀の放散虫化石が産しています。また，この地層は立川コースの先白亜紀系の地層につながります。羽ノ浦層の泥岩と比べましょう。

図12-20　蛇紋岩の露頭

図12-21　白亜紀と先白亜系メランジュ層との境

地点D　カーブミラー

先白亜系の地層と白亜系の地層が断層で接しています。断層が通っているところは小さな谷になっています。先白亜紀の層には砂岩，チャートや石灰岩の岩塊が入っており，先白亜系の泥岩を割ると断面は千枚岩化しているのがわかります（**図12-21**）。写真では中央が断層，左の白っぽくみえるのが下部羽ノ浦層の砂岩で，右の黒っぽくみえるのが先白亜紀の地層です。砂岩中には，ト

144　II．徳島県の地質めぐり

リゴニアの化石を見ることができます。カーブミラー近くには凝灰岩層があります。図12-22に道路の略図を書いてあります。この図に各露頭での地層の岩石の種類や走向・傾斜を書き込み，地層の広がり方をみることにしましょう。

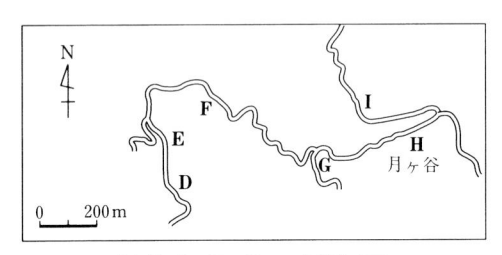

図12-22　月ヶ谷ルート書込み図

地点 E　泥岩層

地点 E 付近は泥岩が多くなります。この泥岩からは道が拡幅された際には下部羽ノ浦層に特徴的なアンモナイトなどの化石も産しています。この露頭は私有地ですし，この下に民家もあるので岩石の採集はやめましょう。

泥岩層の下位には砂岩層，礫岩層があります。この砂岩層，礫岩層は背斜になっています（図12-23）。この背斜軸から北へ行くと泥岩層が再び現れます。石灰質のノジュールもあり，アンモナイトや二枚貝も見られます。地点 E の泥岩と似ています。さらに上位には地点 D で見た砂岩層が現れます。しばらく砂岩と泥岩の互層が続きます。トリゴニアの化石がところどころで見つかります。各露頭で地層の走向と傾斜を地図に記入しながら歩いてみましょう。泥岩層で N 70°E，43°S と北東走向で南傾斜です。

図12-23　下部白亜紀層の背斜構造

地点 F　泥岩層

地点 E は山の南斜面でしたが地点 F は反対側の北斜面になります。地点 E

の泥岩層の走向をのばした北側の斜面の位置がこの付近です。下部羽ノ浦層の泥岩はどこでしょう。よく見ると砂岩層，泥岩層と順に出ています。こちらは北側斜面なので風化の様子が違いますが，地点Dと同じ下部羽ノ浦層でアンモナイトなど化石もこの地点から産します。

地点G　砂質泥岩層

地点G付近には石灰質の砂質泥岩層が見られます。走向および傾斜の向きが変わりましたね。走向傾斜を測りましょう。道路はほぼ地層の走向方向に続いています。傾斜は南ですから道路の北側により下位の地層が見られることになります。

地点H　漣痕

地層の走向と道路の向きは同じ方向です。今はコンクリートで固められていますが，以前は道路沿いに見事な波の跡の化石（干渉漣痕）が見られました（**図12-24**）。しかし，写真のように一部はまだ残っています。地層の上下判定をする際に荷重痕が地層の下の面にできるのに対して漣痕は地層の上の面にできます。1枚の地層では漣痕がある面が上の面となります。

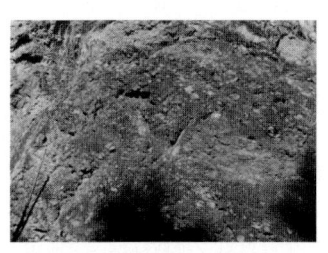

図12-24　漣　　痕　　　　　図12-25　礫層（立川層）

地点I　礫層

谷を越えると立川層の礫層が見られます（**図12-25**）。道路はあまり整備されていませんのでこのあたりで引き返しましょう。時間が十分ある場合は落石に注意して少し進んでみましょう。いろいろな化石を発見できるかもしれません。

落合

落合小学校の西の河原には，羽ノ浦層に属する黒っぽい砂質泥岩の露頭があります。この付近から二枚貝やアンモナイトの化石が産しています。また，下

流の郵便局付近の河原には赤褐色をした特徴的な礫層が見られます。これは白亜紀層の基底部の礫層です。立川谷の羽ノ浦層の基底部の礫層とずいぶん違いますが，これはこの付近の羽ノ浦層が直接古い地層を侵食して堆積したためです。

〔注意〕

　林道沿いのルートですが，それぞれ土地の持ち主がいます。勝手に採集するのではなく，必ず了解を得るようにしましょう。道路に割った岩石をまき散らしたり，がけを崩さないよう細心の注意を払いましょう。沢や山の中では事故に遭う危険もあります。一人では出かけないようにしましょう。

その他

　羽ノ浦層はもともとは羽ノ浦町にある羽ノ浦山地に露出した岩石につけたものです。羽ノ浦丘陵にもたくさん化石が産出します。このコースの化石写真は，徳島化石同好会の四宮義昭さんが採集し，撮影したものです。

12-4　慈　　眼　　寺

　上勝町の慈眼寺は，鍾乳洞の中で祈願する穴禅定で全国的に有名です。寺へは自家用車で徳島市内から90分です。徳島駅前からのバスでは徳島バス勝浦線「福原行き」に乗り藤川で下車し，そこから徒歩で90分かかります（図12-26）。寺の南にある灌頂ヶ瀧は落差が約60mの県下一の瀧です（図12-27）。

　慈眼寺付近の地層は秩父帯北帯のジュラ紀付加体剣山層群（須鎗ほか，1982）に属し，弱い三波川変成作用を被っていると考えられてきました。また，当地域の剣山層群は勝浦川盆地主部から孤立した下部白亜系に不整合で覆われています。近年広域変成作用を受けた地域において放射性年代測定をして地質体の境界が明確にされるようになってきました。勝浦川盆地の下部白亜系について松川・江藤（1987）は基底部の年代をオーテリビアン（135-132 Ma）（1 Ma＝100万年前）としています。当地域では基盤である剣山層群を勝浦川盆地下部白亜系が不整合に覆っているので三波川変成作用を受けた剣山層群の変成年代はオーテリビアンより古いはずです。ところがその後明らかになった三波川変成年代は116 Ma±10 Ma（Itaya & Takasugi, 1988）とこれ

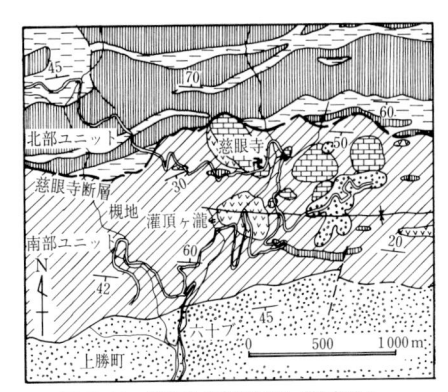

図 12-26 慈眼寺付近の地図（鈴木ほか，1990　を参考）

図 12-27 灌頂ヶ瀧

より若くなっており明らかに矛盾することになりました。鈴木ほか（1990）はこの地域の岩石変成年代を明らかにするために K-Ar 法で放射線年代測定を行いました。その結果，当地域の岩石は慈眼寺断層（慈眼寺の北にある断層）により年代的に異なる北部ユニットと南部ユニットに分けられることが明らかになりました。

北部ユニットは 112-129 Ma の K-Ar 年代を示し，三波川変成帯の一部とみなされました。南部ユニットは 194-225 Ma の K-Ar 年代を示し，黒瀬川地帯（黒瀬川地帯とは黒瀬川構造帯の要素を含み三波川変成作用を被っていない地帯のことをここではよんでいます（市川，1987））に属する地質帯とみなされました。また，勝浦川盆地下部白亜系はすべて南部ユニットを不整合に覆うことがわかりました。このようにして勝浦川盆地白亜系と剣山層群との問題は解決しました。ところが，北部ユニット，南部ユニット，慈眼寺断層の関係をみると新たな問題があることがわかりました。慈眼寺断層は N 80～85°E，40～50°S となります。このことは時代的に古い南部ユニットが新しい北部ユニットに構造的上位に重なってくることになります。西南日本各地でもこのように年代的に古い黒瀬川地帯が新しいジュラ紀付加体の見かけ上にくることがわかりました。

磯崎ほか（1992）は，このなぞをつぎのようなモデルで解釈しました（**図**

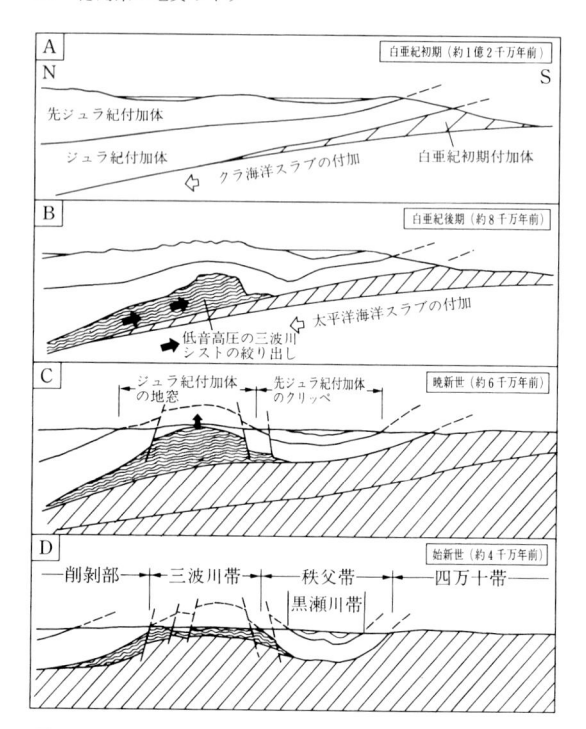

図12-28 黒瀬川クリップのできかた(磯崎ほか,1992の図に加筆)
I-K.T.L.は石垣-玖珂構造線,B.T.L.は仏像構造線,四国では若い四万十帯が三波川帯やジュラ紀体加体の下にきています。

12-28)。

　白亜紀初期(1億2千万年前),ジュラ紀付加体は顔を出していません。先ジュラ紀付加体のナップが地上に露出しており勝浦川盆地の白亜系が堆積しました(A)。白亜紀後期(8000万年前),低温高圧型の三波川変成岩が沈み込み帯深部から絞り出されてきました。構造的下位のジュラ紀付加体が三波川変成岩とともにドーム状に隆起してきました(B)。暁新世(6000万年前),ドーム状のナップの上昇に伴い最上位の先ジュラ紀付加体は侵食され,ジュラ紀付加体が地表に地窓として顔を出しました(C)。始新世(4000万年前),ジ

ュラ紀付加体が侵食され三波川変成岩が顔を出しました。このようにしてもともと内帯から連続していたナップが三波川帯の上昇に伴う差別侵食によってクリッペとして取り残されることになったのです（D）。磯崎は他地域でも大陸縁に発達する付加体型造山帯の内部ではこのように上位に古い地質帯が産し，下位に向かって若い地質体が成長していくと考えています。

引用・参考文献

1. 石田啓祐・橋本寿夫（1991）：四国東部秩父累帯下部白亜系の放散虫群集とそのアンモナイトによる年代，徳島大学教養部紀要（自然科学），25巻，pp. 23-67
2. 石田啓祐・橋本寿夫・香西　武（1992）：四国東部の下部白亜系羽ノ浦層の岩相層序と生層序―その1，勝浦川地域の日浦ならびに月ヶ谷ルート―，徳島大学教養部紀要（自然科学），26巻，pp. 1-57
3. 磯崎行雄・橋口孝泰・板谷徹丸（1992）：黒瀬川クリッペの検証．地質学雑誌，98巻，pp. 917-941
4. 前田晴良・宮田憲一・川路芳弘（1987）：徳島県勝浦川地域に分布する下部白亜系藤川層の堆積環境について，高知大学学術研報，36巻，pp. 1-15
5. 両角芳郎・亀井節夫・田代正之・菊池直樹・石田啓祐・東　洋一・橋本寿夫・中尾賢一（1995）：徳島県勝浦町の下部白亜系立川層から産出した恐竜化石とその産出層準，徳島県立博物館研究報告，No. 5, pp. 1-9
6. 鈴木寿志・磯崎行雄・板谷徹丸（1990）：四国東部における三波川変成帯と黒瀬川地帯との累重関係―徳島県上勝町北東部に分布する弱変成岩類の K-Ar 年代―，地質学雑誌，96巻，pp. 143-153
7. 須鎗和己・坂東祐司・波田重熙（1969）：四国東部の秩父累帯古生界の構造―とくに深層断面について―，徳島大学教養部紀要（自然科学），3巻，pp. 9-18
8. 岩崎正夫編（1979）：徳島の自然　地質1，徳島市民双書13，徳島市中央公民館，p. 279

（橋本　寿夫）

13. 那賀川コース

13-1 相生町の地層（紅葉川～西納）

 相生町は，那賀川の中流部にあり，阿南市から35kmほどのところに位置しています（図13-1）。相生森林美術館や「あいあいらんど」があり，行楽シーズンの休日には親子連れでにぎわっています。また，国道195号線沿いの紅葉川温泉では，温泉や遊覧船を楽しむこともできます。紅葉川温泉から西納にかけてのコースは，四万十帯の地層の観察や秩父帯に属するジュラ紀～白亜紀の化石を採集することができます。

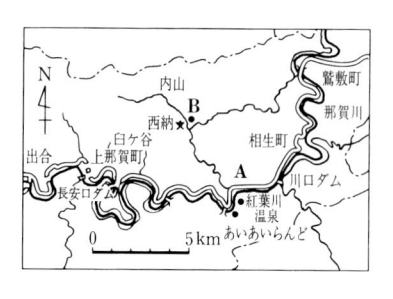

図13-1 紅葉川から西納の行程図

〔みどころ〕
① 四万十帯に属する砂岩，泥岩の互層を観察することができます。また小規模なスランプ構造を見ることができます。
② 層孔虫や三角貝などの化石を転石として採集することができます。層孔虫を含む鳥ノ巣石灰岩をよく観察しましょう。

〔交通〕 徳島から川口停留所までは，徳島バス丹生谷線でおよそ2時間程度。そこで，南部バスに乗りかえ，紅葉川温泉停留所までは数分で着きます。地点Bまでは，さらに車で15分程度かかります。

〔地図〕 2万5千分の1「桜谷」，5万分の1「桜谷」

〔観察〕

地点A　紅葉川温泉北

 地点Aは，紅葉川温泉の手前の橋（紅葉橋）の北側にあり，西納への入り

口のところから全体がよく見えます。平成9年に護岸工事が行われ，紅葉橋のたもとに新しい露頭があります（**図 13-2**）。

ここの地層は，四万十帯に属する白亜紀のものです。降り口のところは，厚さが1〜2m程度の砂岩層で，薄い泥岩を挟んでいます。クリノメーターがあれば，走向傾斜を測ってみましょう。ほぼ東西走向で南へ50°ほど傾斜しています。

10mほど歩くと砂岩層はしだいに薄くなり，高角度の断層を境にして，泥岩勝ちの砂岩・泥岩互層になります。薄い泥岩砂岩の互層がとてもはっきりとしています。さらに，1m程度の砂岩層と泥岩層の繰返しが15mほど続きます。途中にチャート礫を含んだ層があり，そこから水がしみ出していて，そこだけ植物が多くなっています。

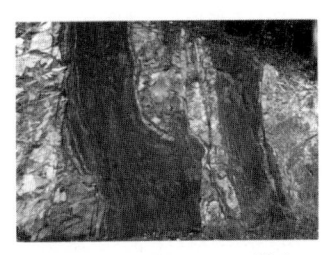

図 13-2 紅葉橋下の露頭　　図 13-3 小規模なスランプ構造

ほぼ垂直に立った褐色の泥岩層の中に小規模なスランプ構造が見られます（**図 13-3**）。

スランプ構造とは，一時的に堆積した未固結の地層がなんらかの力で単層または単層群にわたって変形変位したものです。多くは，水底地すべりの産物と見なされています。上限，下限を正常な地層によって境されていますので，褶曲運動による折れ曲がりや断層によるかく乱とは区別することができます。

地点 B　西納小学校下

地点 Bは，西納小学校（平成13年4月から休校中）近くの川原です（**図13-4**）。小学校から下へ降りる細い道があり，数mほど下を川が流れていて，小さな橋があります。

ここの川原で少し汚れたような暗褐色の石灰岩を探してみましょう。細かい網目模様をした層孔虫を含んだ鳥ノ巣石灰岩をみつけることができます。層孔

図 13-4　西納小学校下の川原　　図 13-5　層孔虫を含んだ鳥ノ巣石灰岩

虫は，石灰質の骨格をもつ海生動物の一つで，ストロマトポロイドともよばれています。石灰岩，石灰岩質岩だけに産し，珊瑚礁を形作る重要な生物です。

この石灰岩は鳥ノ巣石灰岩とよばれ，ジュラ紀に発達した珊瑚礁石灰岩で西南日本から北海道まで分布しています（図 13-5）。たたいて鼻を近づけると石油のにおいがしますが，これは長い年月の間に有機物が変化したのが原因です。戦争中はこれから石油を取り出そうとして，広範囲の調査が行われたというエピソードをもっています。運がよければ，珊瑚やウニのとげなども見つかります。

この石灰岩の産地は明らかではないのですが，おそらく上流の内山付近に露頭があるものと思われます。露頭そのものからよりも，転石として磨かれたものからのほうが見つけやすく，観察も容易です。ルーペなどを使って，観察してみましょう。

また，転石の淡褐色の砂岩中にトリゴニアという三角貝の化石も見つかります。トリゴニアは，三畳紀中期から白亜紀にかけての浅海成の砂岩層に多産する，三角形の厚い殻をもつ特徴的な二枚貝です。特にジュラ紀・白亜紀にかけて繁栄し，世界中から産する重要な示準化石になっています。

ここでは，磨かれてややわかりにくいのですが，丹念に探すと見つかることがあります。このトリゴニアを含む砂岩は，上流の竹ヶ谷周辺に露頭があるものと思われます。

相生の段丘

県南の人々の生活と深いかかわりをもつ那賀川が激しく蛇行しながら流れている相生町では，河川の働きによる地形を観察することができます。洪水など

13. 那賀川コース 153

の際に流路が短絡したことを示す地形や，河岸段丘地形があります。また，不整合（形成された時代が異なる二つの地層が接していること）を観察できる露頭があります。

〔みどころ〕

① 相生町を流れる那賀川の蛇行は著しくて，ときに短絡してしまい，環流丘陵が谷の中に残ってしまいます。曲がっていた古い流路は，貴重な平坦地形となって集落や耕地として利用されています。図 13-6 での地点 A（鮎川・牛輪・入野・延野），地点 C（大久保），地点 D（横石）などに見られます。自分の足で歩いて，過去の那賀川の流れを確認してみましょう。

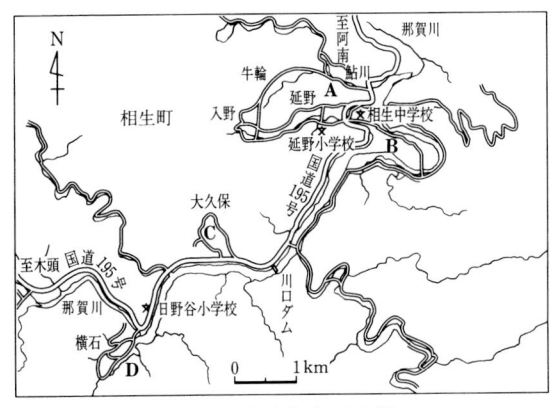

図 13-6 相生付近の案内図

② 国道 195 号線の延野付近（地点 B）に，不整合で接する上下の地層を観察できる露頭があります。下位の地層は四万十帯の砂岩層ですが，層理面（地層境界面）があまりはっきりしていないので走向・傾斜の測定は難しいかもしれません。上位の地層は続成作用がまだ十分ではない，砂質角礫を含む赤土層です。

〔**交通**〕 徳島バス丹生谷線で徳島駅から約 2 時間，地点 A へは延野停留所で降ります。地点 B へは延野上停留所で，地点 C へは大久保東停留所で，地点 D へは横谷橋停留所で降ります。

〔**地図**〕 2 万 5 千分の 1「桜谷」

154　II．徳島県の地質めぐり

地点 A・C・D　蛇行

　鮎川・牛輪・入野・延野地域や大久保，横谷などでは那賀川が過去に著しい蛇行をしていたことを示す地形が残っています。図 13-7 に示すように，蛇行部が短絡したためにとり残された丘陵地形がはっきりとわかります。歩いてみると，両側に山腹が迫り，那賀川の下方侵食作用・側方侵食作用を実感することができます。

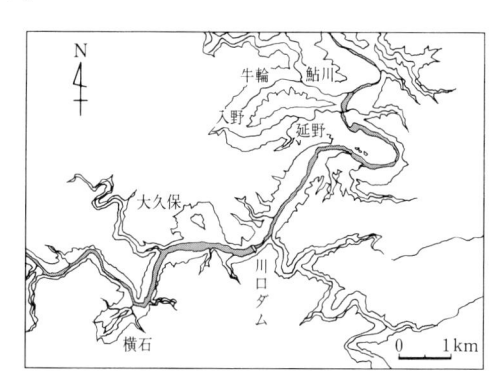

図 13-7　延野付近の丘陵地形

地点 B　不整合

　延野付近で那賀川から少し離れた国道 195 号線が，延野上停留所を過ぎたあたりで再び那賀川に面して急カーブする場所で，不整合を観察することができます。

　下位の四万十帯砂岩層の上に，砂質角礫を含む赤土層が乗っています（図 13-8）。岩質がまったく異なりますし，幅が 20 m ほどもある露頭ですから，簡単に見つけることができます。膝上くらいまである雑草を気にしなければ，

図 13-8　延野付近の不整合

13. 那賀川コース 155

不整合面を間近に観察することができます。

13-2 坂州・平谷

長安口ダム・貯水池を左手に見ながら国道195号線を10分ほど走ると出合橋に着きます。ここを右手に行けば国道193号線で木沢村坂州へ、左に行けばそのまま国道195号線で上那賀町平谷へ、どちらも10分ほどで着けます。坂州では、溶岩が海底で噴出した証拠となる枕状溶岩の露頭と、超塩基性岩のかんらん岩が変質して生じた蛇紋岩の独特の光沢を観察することができます。平谷は、段丘礫層と下位層とが接する様子を観察することができます。

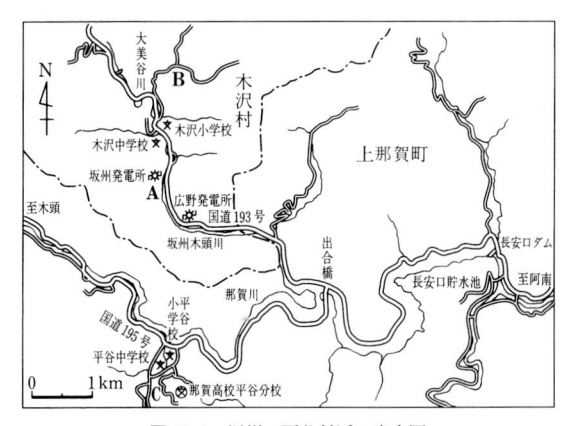

図13-9 坂州・平谷付近の案内図

〔みどころ〕

① 坂州発電所前の坂州木頭川の河床（**図13-9**の地点A）に枕状溶岩の露頭があります。枕状溶岩の特徴である丸い枕を積み重ねたような構造を観察してみましょう。ほかの種類の岩石とは異なる、特有の構造がたいへんわかりやすい露頭です。

② 大美谷川の右岸の道路沿い（地点B）に蛇紋岩の露頭があります。蛇紋岩という名前が示すように、その表面はヘビの皮のような独特の光沢をしています。また、ほかの岩石には見られない蛇紋岩特有のしっとりとした感触があります。

③ 平谷地域は小規模な段丘地形を示していますが，下位層の上に接する段丘礫層の露頭が道路沿い（地点C）に露出しています。にぎりこぶし大の円礫を含む段丘礫層を観察することができます。

〔**交通**〕 徳島バス丹生谷線川口・出原(いずはら)行きで，途中，川口停留所で南部バスに乗り換えます。平谷へは，そのまま南部バスに乗り平谷停留所で降ります。坂州へは，南部バス出合停留所で木沢村営バスに乗り換え，坂州下停留所で降ります。徳島駅から出合停留所まで約3時間かかります。

〔**地図**〕 2万5千分の1「長安口貯水池」

地点A　枕状溶岩

　海底で火山噴火が起こり溶岩が噴出したときにできたのが枕状溶岩です。高温の溶岩（約1 000℃）が低温の海水と接して急冷されると，溶岩表面だけが固化して殻状になるのですが，溶岩の噴出は続くので，殻の一部分を突き破って滴状にあふれ出してきます。あふれ出した溶岩が再び急冷され固化して殻状になります。この繰り返しで，丸い枕を積み重ねたような枕状溶岩ができるのです。

図13-10　坂州の枕状溶岩

　図13-10に示すように，坂州の枕状溶岩は積み重なりの様子がとてもよくわかります。場所は，坂州発電所前の坂州木頭川の河床です。出合停留所から国道193号線を木沢村役場に向かっていくと，坂州発電所の案内板が出ています。発電所側へ橋を渡り，河床へ下りていくとすぐです。

　溶岩の色や，枕一つ分の大きさを調べてみましょう。また，枕状溶岩のでき方から考えると，一つ一つの枕は，溶岩全体の流れの方向へ少し垂れ下がるはずです。その垂れ下がりが認められるか注意深く観察してみましょう。

　この枕状溶岩が噴出したのは約2億年前だと考えられていますから，今は山間部の坂州も，2億年前は海底火山が活動した海の底にあったのです。

地点 B　蛇紋岩

木沢村役場の南約100m付近に，黒滝寺方面を示す標識が立っています。標識の示す方向へ大美谷川をさかのぼって行くと，道路沿いに蛇紋岩が断続的に露出しています。蛇紋岩の表面は，ツヤツヤした独特の光沢で輝いています。光沢だけでなく，その触感もしっとりとした感じがしてヘビをイメージさせます。ほかの岩石には見られないもので，蛇紋岩の大きな特徴です。

マグマが冷却してできる火成岩のうち，超塩基性岩であるかんらん岩が蛇紋岩の源岩です。かんらん岩はとても不安定な岩石なので，比較的簡単に蛇紋岩に変質するといわれています。ここでは，その蛇紋岩の特徴を自分の視覚と触覚で十分に確かめてみましょう。

地点 C　段丘礫層

那賀川は上流域から中流域にかけて激しく蛇行しています。大雨などで流路が短絡したり，侵食・運搬・堆積作用によりさまざまな地形をつくりだしています。

平谷地域は小規模ながら河岸段丘地形を示しています。四つの段丘面からなっていて，那賀高校平谷分校のあたりが最上位の段丘面です。平谷分校から国道へ出る道路沿いに，下位層に接する段丘礫層の露頭があります。

下位層との違いを観察して，どこが境界なのか調べてみましょう。**図 13-11**ではハンマーの頭部から上が段丘礫層で，下位層の上に乗っていることがはっきり観察できます。また，含まれる礫の大きさや形，礫の占める割合などを観察して記録しておきましょう。上流や下流で見られる段丘礫層と比べてみると，流水の働きの違いがよく理解できるでしょう。

図 13-11　平谷の段丘礫層（ハンマーの頭部から上が段丘礫層）

13-3 その他の那賀川沿いの見学地について

那賀川は仏像構造線沿いに流れており，北側に秩父帯，南に四万十帯が見られます。徳島県の地質上重要な地点も少なくありません（図 13-12）。

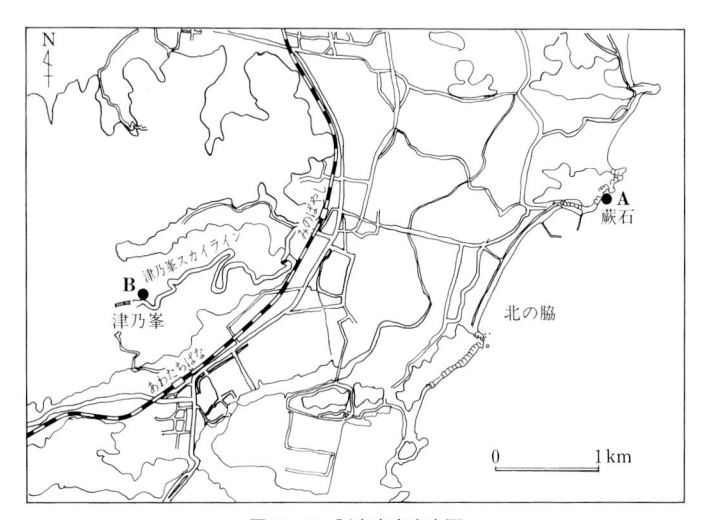

図 13-12 阿南市南案内図

地点 A　蕨石（わらびいし）

北の脇は県下有数の海水浴場ですがその北に蕨石海岸があります（図 13-13）。見学する露頭へは海岸沿いに潮の引いているときに行きましょう。手前の砂岩・泥岩互層は四万十帯に属し，構造線を境にして北側には秩父帯南帯のオリストストローム起源のメランジュが見られます。これらの地層は詳しくは那賀川層群（石田，1987）に属します。基質の泥岩中にチャート，石灰岩，緑色岩（枕状溶岩）などの異地性の大きな岩塊がたくさん見られます。これら異地性岩塊（オリストリス）の石灰岩・チャートの年代は三畳紀中期からジュラ紀後期と考えられています。基質の泥岩や酸性凝灰岩からジュラ紀後期から白亜紀前期の放散虫化石が得られています（石田，1987）。

地点 B　津乃峰

津乃峰へ有料道路を上ります。道路沿いに見られる硬い岩石はチャートで

図 13-13 蕨石海岸　　　　　図 13-14 津乃峰山の海食洞

す。チャートからは三畳紀中期のコノドントが産しています（石田，1985）。眼下にはリアス式海岸である橘湾やその北には那賀川平野が見られます。那賀川平野はすぐ海にそそぐため扇状地のような形になっています。スカイライン上の駐車場の北斜面には海食洞跡とされる洞窟がたくさんあります（図13-14）。立て札の説明によると約10万年前に海岸でできた海食洞が隆起し現在の位置になったそうです。

地点C　金石（図13-15）

阿南市金石には黒瀬川構造帯の岩石が分布しています。この中の雲母片岩（泥質の一種）中に十字石・ざくろ石（ガーネット）・藍晶石が含まれています。十字石は高変成度の変成岩です。藍晶石と十字石を含む雲母片岩は全国的にもめずらしいそうです（図13-16）。しかし，これらの鉱物は顕微鏡でないと観察できません。対岸の大野城山の花こう閃緑岩（三滝火成岩類）は徳島ではもっとも古い岩石です。年代測定では3.9億〜4.1億前で，県の天然記念物に指定されています。金石から深瀬にかけての県道沿いには蛇紋岩や石灰岩

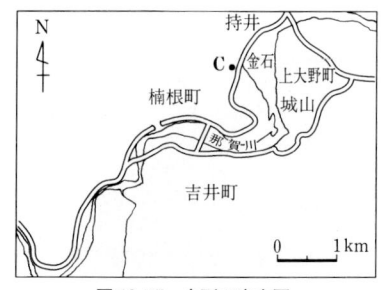

図 13-15 金石の案内図　　　　　図 13-16 金石の露頭

が見られます。レンズ状に入った石灰岩にはフズリナなどの化石も見られます。

地点D 鷲敷(わじき)ライン および 地点E 氷柱(つらら)観音

相生町から鷲敷町田野に至る那賀川流域を鷲敷ラインとよんでいます（図13-17）。この付近は四万十帯の砂岩優勢層が分布しています（図13-18）。この北側には仏像構造線が通っており，小断層も多く地層は乱れています。泥岩は砂岩に比べ早く侵食され，後に複雑な砂岩の岩肌が残ったのです。氷柱観音付近には秩父帯南帯に属する石灰岩の大きな岩塊があります。氷柱観音御堂の浦には鍾乳(しょうにゅう)石がみられます（図13-19）。

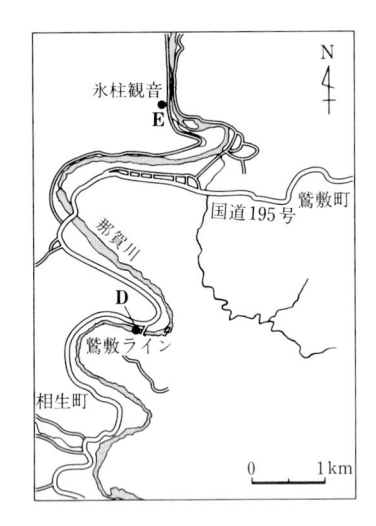

図13-17 鷲敷の案内図

図13-18 鷲敷ライン   図13-19 氷柱観音の鍾乳石

地点 F　木頭村北川の梅林石

木頭村北川地区は木頭村の最深部に位置しています。（図 13-20）

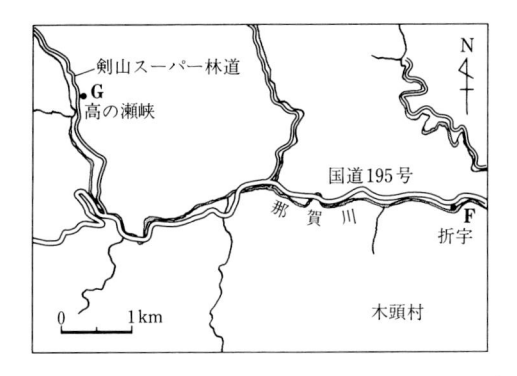

図 13-20　北川の案内図

　木頭村の地質は、ほぼ那賀川を境にして、北側が秩父帯、南側が四万十帯に分かれています。北側の秩父帯の中には、黒瀬川構造帯が挟み込まれています。

　木頭村北川折宇地点 F の北川小学校教員宿舎を下りたところの川原では、梅林石（杏仁状輝緑凝灰岩）を採集することができます（図 13-21）。梅林石は、徳島県では上勝町の落合周辺の物が名石として有名ですが、ここでも同様の岩石が採集できます。

　上流の秩父帯に出現する溶岩（海底噴出火山岩）は、一般的には赤色をしています。これは、変質していて多量の赤鉄鉱を含んでいるからです。その赤色溶岩中にあるガスの抜けた気孔が、白色の石灰質物質（方解石）で埋められることがあります。そうすると、赤色の基地の中に白色の斑点が入ることになり

図 13-21　北川の梅林石

ます。さらに，その白色の斑点の部分に若干の赤鉄鉱が混じると，ピンク色になります。昔の人々は，この石の模様を見て梅の林を連想し，「梅林石」という優雅な名前をつけたのです。

この川原には梅林石の露頭はないのですが，転石として拾うことができます。模様の美しい石は少ないのですが，下流の木頭大橋から上流の北川公民館横の橋の間を丹念に探すと見つけることができます。露頭はおそらく高の瀬峡にあると思われます。

ここの川原の岩石は四万十帯に属し，砂岩・泥岩の露頭が川底に露出しています。この川原では，秩父帯に出現するさまざまな砂岩，泥岩，チャート，石灰岩などの堆積岩，海底火山の噴出による玄武岩質溶岩，斑れい岩などを採集することができます。

地点G　高の瀬峡

高の瀬峡は車で国道55号，195号を経由し，剣山スーパー林道に入るとすぐに着きます。徳島市内中心部から車で3時間ほどかかります（**図13-22**）。1980年「阿波観光の100選」の人気投票で1位になったところで，紅葉時には多くの観光客でにぎわいます。剣山スーパー林道の入り口付近は四万十帯の砂岩・泥岩で，高の瀬峡付近には秩父帯南帯の岩石が見られます。V字型の渓谷で両斜面はオリストリスの大きな石灰岩の岩塊でできています。オリストリスの石灰岩やチャートからは三畳紀〜ジュラ紀前期のコノドントや放散虫化石が産しています。オリストリスのまわりの泥岩からはジュラ紀後期〜白亜紀前期の放散虫化石が産しています。

図13-22　高の瀬峡

引用・参考文献

1. 岩崎正夫編（1979）：徳島の自然 地質1，徳島市民双書13，徳島市中央公民館，p.279
2. 中川衷三編（1981）：徳島の自然 地質2，徳島市民双書15，徳島市中央公民館，p.166
3. 岩崎正夫著（1990）：徳島県地学図鑑，徳島新聞社，p.319
4. 徳島県中学校理科教育研究会編（1993）：徳島の自然，徳島県中学校理科教育研究会，p.202
5. 阿波学会編（2001）：相生町，阿波学会紀要，47号
6. 徳島県教育委員会（1995）：徳島県の文化財，徳島県教育委員会，p.382
7. 日本の地質「四国地方」編集委員会編（1991）：日本の地質8 四国地方，共立出版，p.266
8. 濡木輝一・唐木田芳文（1988）：徳島県阿南市金石の黒瀬川構造帯から藍晶石―十字石―ざくろ石―雲母片岩の発見，地質学雑誌，94巻，pp.305-308
9. 石田啓祐（1985）：徳島県地域の秩父累帯南帯における堆積岩類の放散虫・コノドントによる年代とその配列―四国秩父累帯南帯の研究 その5―，徳島大学教養部紀要，18巻，pp.27-81
10. 石田啓祐（1987）：四国東部秩父累帯南帯の地質学的・微化石年代学的研究，徳島大学教養部紀要，20巻，pp.47-121

（福島 浩三，神原 弘，橋本 寿夫）

14. 日和佐・由岐コース

14-1 サンライン

　このコースでは南阿波サンラインから日和佐町,由岐町の海岸に沿って四万十帯の地層を見学していきましょう。この地層は中生代白亜紀に海底に堆積したものです。牟岐町,日和佐町,由岐町は室戸阿南海岸国定公園に含まれ,美しい海岸が続きます。まず,南阿波サンラインを見てみましょう。ここは日和佐から牟岐への海岸沿いの県道です。もとは有料道路でしたが,今は無料です。厚い砂岩層,砂岩と泥岩の互層,凝灰岩,チャート,泥岩,緑色岩類を見ることができます（**図14-1**）。

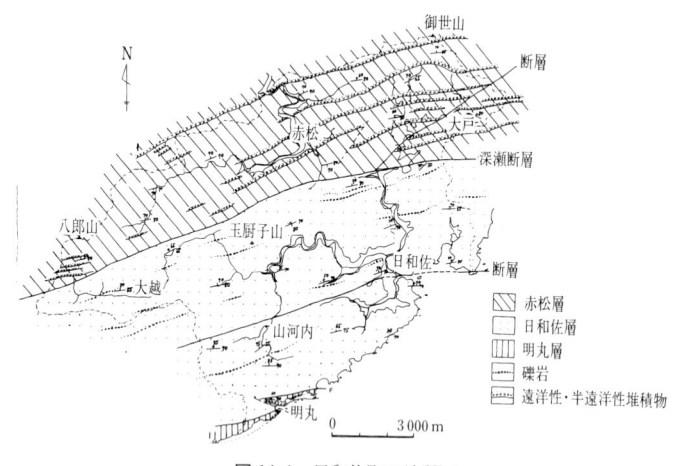

図14-1 日和佐町の地質図

〔**みどころ**〕
① 外ノ牟井ノ浜から千羽海崖をつくっている厚い砂岩層を観察しましょう。浜の南端には海食洞もあります（**図14-2** 地点 A）。
② 明丸へ下りる道の手前の県道沿いでは,砂岩の優勢な互層がスランプ褶曲をしています。不規則に褶曲した地層が安定した地層の間に挟まれています

(地点 B)。
③ 明丸の海岸では，赤色頁岩，緑色頁岩，チャート，凝灰岩，枕状溶岩などの海底火山噴出物が堆積しています。それぞれの岩石の違いを観察しましょう (地点 C)。
④ 第4展望台付近には泥岩が分布しています。砂岩の多い地域から泥岩の多い地域に変わり，地形や海岸がどんなに変わったかを観察しましょう (地点 D)。

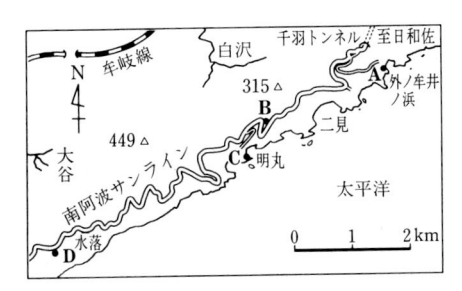

図 14-2 サンライン付近のルート図

〔**交通**〕 JR 日和佐駅から自家用車を利用して明丸まで15分です。牟岐には30分で着きます。公共の交通機関がないので，自家用車を利用しましょう。

〔**地図**〕 2万5千分の1「日和佐」，「山河内」，「牟岐」

〔**注意**〕 海岸で観察するので，満潮の頃をさけていきましょう。海岸の岩場は危険がいっぱいです。軍手，登山靴を使用するなど安全に気をつけましょう。近くに食堂，売店はありません。

地点 A 外ノ牟井ノ浜

日和佐の町を抜けて国道を牟岐に向かうと，すぐ南に入る県道があります。これが南阿波サンラインの入口です。しばらく進むと千羽トンネルがあり，出るとすぐ外ノ牟井ノ浜に下りる道があります。外ノ牟井ノ浜が地点 A で，ここには田崎真珠海洋研究所があります。海岸には砂岩の優勢な互層があり，厚さ20cm～2mの灰色の砂岩と厚さ3～10cmの暗灰色の泥岩が互層になっています。砂岩の厚いものは5mほどになり，これは先に堆積した泥をつぎの砂が削り取るという堆積作用を数回繰り返したためにこんなに厚く堆積したように見えています。このような互層は層状砂岩とよばれています。砂岩は粗粒

の砂でできていて級化や平行ラミナ，斜交ラミナなどが発達し，荷重痕も見られます。地層は N 40°E，50°N と北東走向で北傾斜です。砂浜の南端の互層の柔らかい部分は波によって侵食され，海食洞になっています。小さい断層があるかもしれません。よく観察してみましょう。岩場に南にいくと千羽海崖が見えます（**図 14-3**）。ここは層状砂岩が海から高さ 200 m の絶壁をつくっています。

図 14-3 千羽海崖の層状砂岩　　図 14-4 スランプ構造

地点 B　明丸海岸手前

海岸から県道にもどり，明丸海岸に向かいます。明丸海岸へ下りる道の手前の県道が地点 B です。千羽トンネルから二見まではおもに層状砂岩が分布していますが，このあたりから砂岩の優勢な互層に変わります。この互層は砂岩が厚さ 10～30 cm で泥岩が厚さ 3～10 cm です。この露頭では地層はほぼ水平ですが，スランプ構造が見られます（**図 14-4**）。スランプ構造はある限られた地層が固まっていないときに海底地滑りなどで移動し，激しく褶曲する構造です。この地層の上下の地層は安定しています。地層がどんなに曲りくねっているかしっかり観察しましょう。

地点 C　明丸海岸

スランプ構造のつぎは，明丸の海岸に下りてみましょう。ここが地点 C です。海岸の道沿いでは厚さのよく似た砂岩と泥岩が互層をつくっています。先ほどのように水平でなく急傾斜になっています。クリノメーターがあれば走向と傾斜を計ってみましょう。

砂浜をわたり，南へいくと海食台があります。ここでは赤色頁岩，緑岩頁岩，チャート，緑色岩類（酸性凝灰岩，凝灰角礫岩，玄武岩質溶岩），石灰岩など海底火山噴出物を見ることができます（**図14-5**）。ここは徳島県の四万十帯で最も詳しく海底火山噴出物を観察することができる露頭です。**図14-6**を参考にして詳しく見ていきましょう。

赤色頁岩と緑色頁岩は混ざっているところもあり，チャートや酸性凝灰岩をレンズ状，ブロック状に挟んでいます（**図14-7**）。玄武岩質溶岩は枕状になっ

図14-5 明丸海岸の緑色岩類の産状（公文，1981）

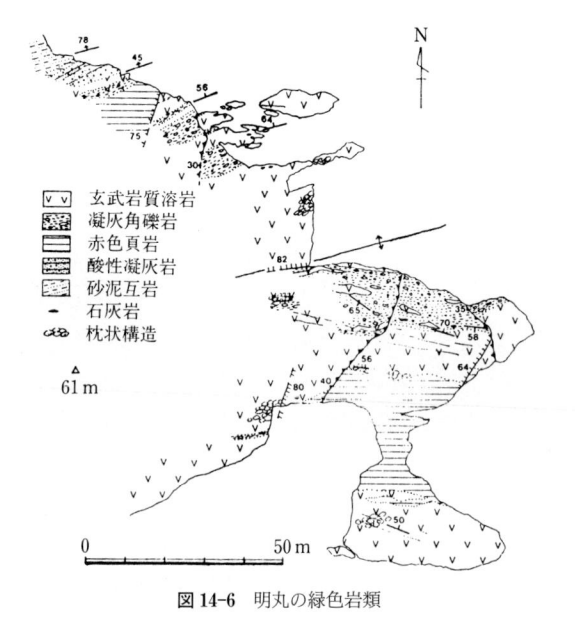

図14-6 明丸の緑色岩類

168　II．徳島県の地質めぐり

図14-7　緑色頁岩中のブロック状チャート

ている部分もあります。この海底火山噴出物は遠洋で噴出したものが海洋プレートに乗って運ばれ，まわりの陸源の堆積物と一緒に堆積したものです。放散虫の化石を調べると地層のできた時代がわかります。それによるとまわりの砂岩や泥岩より，海底火山噴出物が古い時代を示しています。

地点D　第4展望台

最後に，第4展望台へ進みましょう。ここが地点Dです。明丸から水落(みなおち)までは砂岩や砂岩の優勢な互層が続きますが，水落からは泥岩に変わります。ほとんどが暗灰色で風化されて細かく砕けています。薄い砂岩と互層になっているところもあります（**図14-8**）。展望台の入り口で泥岩を観察しましょう（**図14-9**）。この泥岩は牟岐まで続きます。県道から県立少年自然の家に向かい，その手前を西に進むと砂浜の海岸に出ます。ここは古牟岐(ふるむぎ)で，ここの泥岩からアンモナイトの化石が発見されました。皆さんもよく探してみましょう。

図14-8　第4展望台付近の互層　　図14-9　第4展望台の泥岩

〔足をのばせば〕　自然の家の近くに「モラスコむぎ」があります。この貝の資料館は世界の貝を2 000種類6 000点展示しています。生きた化石リュウグウオキナエビスガイ，オームガイやアンモナイトの化石などめずらしい貝を見ることができます。一度立ち寄ってみてください。

14-2 日　和　佐

日和佐ではサンラインで見た地層より上位の地層を観察します（**図14-10**）。ここにはウミガメの産卵で有名な大浜海岸や恵比寿洞、うみがめ博物館などがあります。おもに砂岩、砂岩の優勢な互層が分布しています。観察するのは、緑色岩類、チャート、礫岩層、海食洞、スランプ構造です。

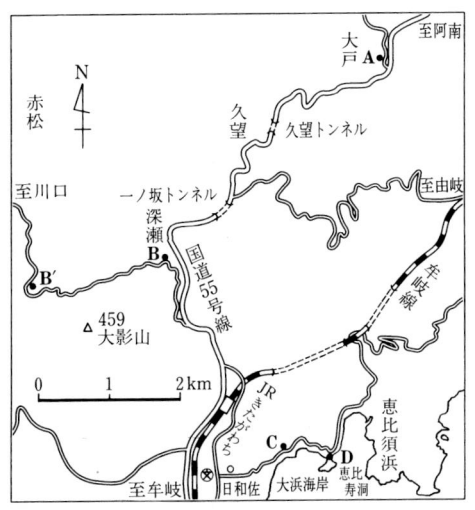

図14-10 日和佐付近のルート図

〔みどころ〕

① 大戸では緑色岩類を観察しましょう。まわりには緑色頁岩や赤色頁岩があり、これも遠洋性の堆積物と考えられています（地点A）。

② 深瀬では砂岩の中に入っている礫岩を観察しましょう。人の頭ほどの礫がどのようにして運ばれてきたか、想像するのも楽しいです（地点B）。

③ 「ホテル白い燈台」の前の駐車場では、スランプ構造を見ることができます。まわりの地層との関係もはっきりわかるよい露頭です。写真におさめてはどうですか（地点C）。

④ 恵比寿洞は砂岩の優勢な互層でできていますが、まん中を断層が走っていて断層によって破砕された岩石が波の侵食によって削られ、洞窟になってい

ます。長い年月をかけて自然がつくりだした洞窟に驚かされます（地点 D）。

〔**交通**〕　JR 日和佐駅から徒歩 15 分で大浜海岸に着きます。大浜海岸から恵比寿洞までは徒歩 10 分ほどです。深瀬，大戸へは自動車を利用したほうが便利です。

〔**地図**〕　2 万 5 千分の 1「日和佐」,「阿波由岐」

〔**注意**〕　道路の拡張工事を至るところでしているので事故に気をつけましょう。双眼鏡があると遠くの露頭も観察することができるので便利です。

地点 A　大戸小学校跡

星越トンネルをぬけて，日和佐のほうへ 3 km ほど進むと大戸小学校の跡があります。北河内谷川を学校跡のほうへ渡ったところが地点 A です。ここでは淡緑色のチャートと緑色頁岩，赤色チャート，緑色岩類（酸性凝灰岩，輝緑凝灰岩）を観察します。緑色ないし赤色頁岩は風化され細かく砕けやすくなっています。チャートは 3～10 cm の層状やレンズ状になっています（**図 14-11**）。N 70°E，60°N と東北東走向で北傾斜です。チャートをルーペで観察すると 0.1 mm ほどの暗灰色の斑点がたくさん見えます。これが放散虫の化石で地層が堆積した時代を決めるのに役立ちます。このチャートや赤色頁岩，凝灰岩などは，海底火山噴出物と一緒に遠洋から海洋プレートに乗って運ばれてきたと考えられています。チャートは非常に硬い岩石なのでハンマーで割るときには注意しましょう。

図 14-11　大戸のレンズ状チャート

地点 B　深瀬

日和佐に向かって国道を進むと相生（あいおい）に向かう県道があります。それを北に向かって進むと深瀬の集落の上で西に曲がります。この曲がり角付近が地点 B です。ここでは砂岩の中に含まれる礫岩を観察しましょう（**図 14-12**）。礫の大きさは普通 3～10 cm で卵のように丸い円礫（えんれき）です。一番大きなものは直径 40

cmほどもあります。礫の種類は酸性火山岩類が多く，花こう岩類，砂岩，頁岩も見られます。この礫はいつごろできた岩石か考えてみましょう。まわりの白亜紀の地層より古いことは確かですね。礫のまわりは粗粒な砂岩でできています。この礫層がまわりの砂岩などを削り込んでいるのが見つかるかもしれません。少し進むと深瀬の谷の奥に着きます。ここには東西方向に延びた断層があり，深瀬の谷は断層に沿って発達した谷であることがわかります（**図14-13**）。工事現場では黒色の断層粘土を見ることができます。

図 14-12 深瀬の礫岩　　　**図 14-13 深瀬の断層でできた谷**

地点C　ホテル駐車場

大浜海岸の北の崖の上に「ホテル白い燈台」があります。地点Cはその前の駐車場の露頭です。ここでは砂岩の優勢な互層のスランプ構造を見ることができます（**図14-14**）。正常な互層の上にスランプ褶曲をしている互層が乗ってその上にまた正常な互層があり，また，スランプ褶曲をしている互層がきています。これはスランプ構造を起こすような海底地滑りなどが2度起きたことを示しています。正常な互層はN 60°E，60°Nと北東走向で北傾斜を示しています。互層の砂岩は厚さ5〜20 cmで，細粒な砂でできています。泥岩は厚さ

図 14-14 スランプ褶曲　　　**図 14-15 恵比寿洞の海食洞**

3〜10 cm です。中央に小さい断層があります。

地点 D　恵比寿洞

地点 C から少し進むと恵比寿洞があります（**図 14-15**）。ここが地点 D です。ここは厚さ 30 cm〜2 m の砂岩が層状に堆積しています。厚さ 1〜10 cm の泥岩と互層になっているところもありますが，ほとんどが層状砂岩です。地層は N 60°E，80°N と北東走向で北傾斜です。この砂岩の海食洞が恵比寿洞です。海食は断層によって破砕された砂岩が波の浸食によって削られてできたものです。日和佐，由岐コースではこのような断層によってできた海食洞がたくさんあります。これは海岸沿いに断層が発達しているためです。黒色の断層粘土も観察しておきましょう。

〔**足をのばせば**〕　大浜海岸にはウミガメ博物館「カレッタ」があります。ここではいろいろなウミガメを飼育し，生態を観察することができます。カメの進化，スピリファーや三葉虫の化石，ワニ，始祖鳥の化石のレプリカなどがあります。一度立ち寄ってみてください。

14-3　由　　　岐

四万十帯の最後の見学地は由岐町です。海水浴場で有名な田井の浜や漁港があり，海の幸に恵まれています。ここでは，礫岩の削り込みとスランプ構造，

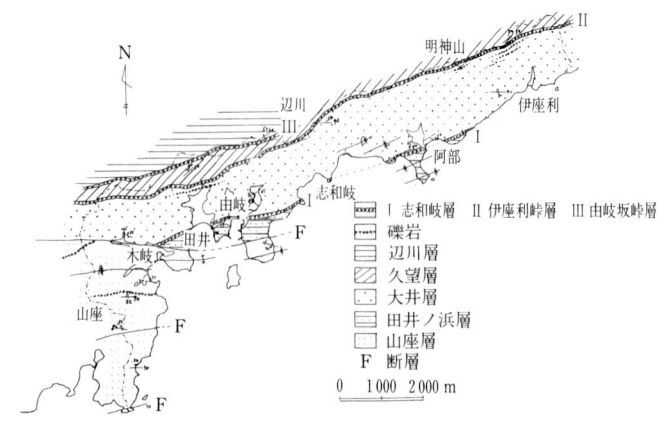

図 14-16　由岐町の地質図

海底火山噴出物を観察しましょう（**図 14-16**）。

〔**みどころ**〕

① 木岐では，厚い砂岩層があり，それを上の礫岩層が削り取って埋めている様子を観察することができます。近くの露頭では砂岩の優勢な互層がスランプ構造をしています（**図 14-17** 地点 A）。

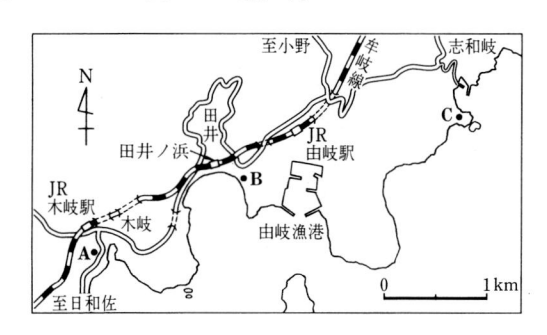

図 14-17 由岐付近のルート図

② 田井の浜の東の海岸には砂岩の優勢な互層があり，断層，スランプ構造，堆積構造などを観察することができます。近くの住宅の裏に酸性凝灰岩があります（地点 B）。

③ 志和岐の漁港の南では海底火山噴出物である赤色頁岩，緑色頁岩，緑色岩類などを見ることができます（地点 C）。

〔**交通**〕 JR 田井の浜駅，木岐駅からそれぞれの観察地点まで徒歩 10 分ほどで着きます。志和岐へは由岐駅から徒歩 30 分ほどです。

〔**地図**〕 2 万 5 千分の 1「日和佐」，「阿波由岐」

〔**注意**〕 海岸での観察が多いので満潮のころは避けていきましょう。海岸の岩場は危ないので軍手，登山靴を使用するなど安全に気をつけましょう。

地点 A 木岐南

木岐の集落の南の端，人家の横に塊状砂岩の露頭があります。ここが地点 A です。この砂岩を詳しく調べると砂岩の中に礫層が 2 か所挟まっています。このことからこの砂岩は数回の堆積作用でできていることがわかります。下に堆積した泥をつぎの混濁流が削り取り，埋めるという作用を繰り返し，泥岩を挟まない厚い砂岩層ができあがりました。この塊状砂岩の南に，砂岩を礫岩が

幅2m深さ20cmほど削り込んでいるのがよくわかる露頭があります（図14-18）。このような削り込みをチャネル構造といいます。チャネルは，海底扇状地の斜面でできると考えられています。この南の崖では，砂岩の優勢な互層のスランプ構造を見ることができます。広い範囲でスランプ褶曲をしています。互層の砂岩は厚さ20～30cmで泥岩は厚さ5～10cmです。地層はN 60°W，20°Sと北西走向で南傾斜を示しています。

図14-18 木岐のチャネル構造 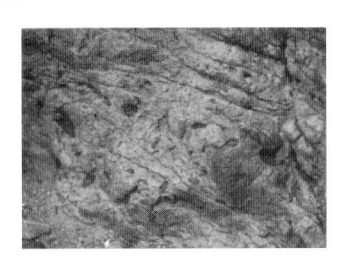　　図14-19 砂岩中の泥岩の岩片

地点B　田井の浜東

つぎは田井の浜の東の海岸へ行ってみましょう。ここが地点Bです。砂岩の優勢な互層が広く分布しています。干潮の時はずっと海岸の南のほうまで観察することができますが，満潮時は海に入らなければ行くことができません。互層の砂岩は厚さ10～100cmで厚い粗粒な砂岩には泥岩の岩片が入っています（図14-19）。これは砂岩が堆積するときに下の泥を削り，取り込んだものです。砂岩と泥岩の互層の部分では級化，平行ラミナ，斜交ラミナなどの堆積構造を見ることができます（図14-20）。よく観察すると砂岩の底面に荷重痕，流痕，生痕化石などを見つけることができます。砂岩と泥岩の等量な互層はス

図14-20 斜交ラミナなどの堆積構造 　　図14-21 田井ノ浜のスランプ構造

ランプ構造で曲がっているところもあります（**図14-21**）。海底地滑りが起きたのかもしれません。小さい断層もあり，断層はN 80°E, 70°Nと東北東走向で北傾斜です。地層は一般的にN 60°E, 70°Eと北東走向で東傾斜を示しています。広い範囲でいろいろなものをゆっくり観察しましょう。時間をかけすぎて満潮になり，帰れないことにならないように気をつけましょう。

すぐ北の住宅地のがけでは層状砂岩が見えます。砂岩に挟まれて厚さ1mの酸性凝灰岩も見ることができます。

地点C 志和岐

最後に志和岐に向かいましょう。トンネルをぬけて港を右へいくと広場があります。ここに駐車して南の海岸へいきましょう。この海岸が地点Cです。ここでは黒色頁岩から赤色と緑色の頁岩の混ざったもの，緑色頁岩に入っているレンズ状のチャートや緑色岩類を見ることができます（**図14-22**）。緑色岩類は断層で厚い砂岩層と接しています。この堆積物も，明丸同様遠洋の海底火山によってできたものがプレートによって運ばれ，まわりの砂岩などといっしょに堆積したものです。この地層は志和岐から潮吹岩を通り，鹿ノ首岬，阿部，御水大師まで続きます。時間があれば追いかけてみましょう。

図14-22 志和岐の海底火山噴出物

〔**足をのばせば**〕 伊座利峠の南には志和岐と同じ遠洋性堆積物が出ています。厚さ数mの赤色チャート，赤色頁岩，緑岩頁岩，凝灰岩などがレンズ状になって露出しています。さらに南には陸源性堆積物の礫岩があります。それぞれの岩石の違いやでき方の違いを考え，比べてみてください。蒲生田岬にも同じものが出ています。時間があれば寄ってみましょう。

引用・参考文献

1. 公文富士夫（1981）：徳島県南部の四万十累帯白亜系，地質学雑誌，87巻，

pp.277〜295
2. 石田啓祐・橋本寿夫・森永　宏・中尾賢一・寺戸恒夫 (1994)：四万十帯北帯白亜系の岩相配列と堆積相―四国東端部由岐町地域を例として―，阿波学会紀要，40号，pp.1〜20
3. 森永　宏・橋本寿夫・石田啓祐・中尾賢一・寺戸恒夫・森江孝志・福島浩三 (1997)：四国東部，日和佐町地域の四万十帯北帯の白亜系と第四系，阿波学会紀要，43号，pp.1〜19

（森永　宏）

15. 宍喰・竹が島コース

　室戸阿南国立公園にあって，青い海と美しい海岸線の続く国道 55 号線を高知県境まで走ると宍喰町に入ります。ここは，青い海と新鮮な魚貝類で宍喰温泉と「ホテルリビエラ宍喰」が最近話題をよんでいます。また国民宿舎「みとこ荘」での宿泊や「みとこ天文台カノープス」での天体観測，自生珊瑚や熱帯魚が見られる「竹が島海中公園」のブルーマリンの乗船，海洋自然博物館マリンジャムの見学など多くの観光スポットがあります（図 15-1）。

　この地に日本で露出規模 1 位の化石漣痕（リップルマーク）の露頭があります。漣の化石を観察してみましょう。

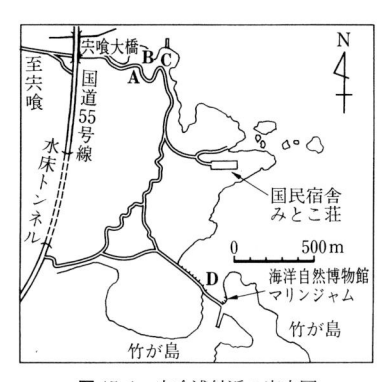

図 15-1　宍喰浦付近の案内図

〔みどころ〕

① 国指定の天然記念物「宍喰浦の漣痕」を観察することができます（地点 A）。
② 地層の上下関係を決めるのに役立つ底痕（ソールマーキング）を観察することができます（地点 B）。
③ 漣痕がある露頭から竹が島へ至る道路を進むと，同じような露頭が見られます。この二つの地層を観察することで，地層のつながりや広がりを実感することができます（地点 C）。
④ 竹が島入り口の海岸から島にかけて砂岩と泥岩のリズミカルな互層が観察

できます。ここでも，地層のつながりや広がりを実感することができます（地点 D）。

〔**交通**〕 化石漣痕露頭（地点 A）までは，宍喰から竹が島行きのバスで 10 分。そこから竹が島に向かって歩くと 30 分くらいで竹が島（地点 D）に着きます。

〔**地図**〕 2 万 5 千分の 1「甲浦」

〔**注意**〕 風化が進んでいるので，漣痕の露頭では表面の保護に配慮しましょう。夏場は草が生えているので，露頭を観察するときには長袖シャツや長ズボンを着用しましょう。

地点 A

四万十帯は，砂岩層を主とする累帯ですが，この付近では，砂岩と泥岩が十数 cm ごとに繰り返すリズミカルな互層となっています。その砂岩の表面に昔の海底における漣の痕が残されています（**図 15-2**）。これを漣痕といいます。この地点の漣痕は，波長が 30〜40 cm で，断面は非対称であることから一定方向の流れによってできたと考えられています（石田，1993）。水流は左下側から右上側に向っていることがわかります。漣痕が発見されたことにより，この砂岩泥岩の地層の上下を決定することができます。砂岩の表面にできた漣の痕ですから，漣痕がある面が上ということになるわけです。

地層の上位・下位（または古い・新しい）を決定することはこの層を含む地質層群の地質構造を知る鍵となります。さらに，漣痕は各地で発見されていますが，ここ宍喰浦のような大規模な露頭は珍しく，日本一だといわれています。

図 15-2 漣　　痕　　　　　　図 15-3 底　　痕

しかし，自然の状態では風化が激しく，表面の凹凸が明瞭でない部分や崩壊している部分もありますので，観察には十分注意して，貴重な露頭の保存に努めましょう。

地点 B　底痕

この露頭（図 15-1 の地点 A）の反対側の露頭の砂岩層の底面を観察してみると底痕が見られます（**図 15-3**）。

この底痕は，堆積物が海底面を部分的に侵食することによってつくられたものと考えられています。

この底痕を観察することによっても，単層の上下を判定することが可能となり，地層の傾斜との関係から逆転した地層群を明らかにすることができます。

この露頭を観察した後，竹が島のほうへ歩いてみましょう。左手にペンションが見えてくるところまで，右側の露頭は，砂岩と泥岩が繰り返し堆積していることが観察できます。さらに少し歩いていくとカーブにさしかかります。ここでも注意深く砂岩層を観察すると漣痕が挟まれた砂岩を見ることができます。

地点 C　カーブ

この地点 C から西のほうをみると先ほど観察した地点 A が見えます。この地層の方向（走行）が東西性であることを実感として理解できます。さらに，地層の広がりにも目を向けることができます。

もう少し歩いていくと先ほどのような砂岩と泥岩のリズミカルな互層は見ら

図 15-4　竹が島の海中から島まで続く砂岩泥岩の地層

れなくなり，露頭の多くを砂岩が占める層に変わっていきます。

　これが砂岩主体の四万十帯の特徴です。そして，竹が島が見えてくると，入り口道路の左側の海岸にまた砂岩と泥岩のリズミカルな互層が目を引きます。道路の下から海の中を通って対岸の島のがけへと続く見事な地層の連続を見ることができます（図 15-4）。

地点 D　海岸

　現在，護岸工事が実施され海岸に下りて直接見ることができませんが，県の天然記念物調査（昭和 58 年度徳島県教育委員会発行）によると「竹が島の底痕群」としてフルートキャストや生物が住んでいたり，泥を食べたりしていた生態痕が砂岩層に観察された報告があります。

　また，海南町加島の中生代底痕群（県指定，昭和 52 年）も上記調査書に報告されています。この露頭は，国民宿舎「加島荘」の入り口に案内板があり，下の遊歩道を 5 分ほど歩いた海岸に見られます。

引用・参考文献

1. 石田啓祐（1993）：四国四万十帯「宍喰浦の化石漣痕」，地質ニュース，464 号，pp. 26-29
2. 中川衷三（1983）：徳島県天然記念物調査　地質の部，徳島県教育委員会，pp. 17-24

　　　　　　　　　　　　　　　　　　　　　　　　　　　　　（福井　　健）

III. 徳島県地質のおいたち

1. 吉野川以北

1-1 7000万年前（白亜紀の終わりごろ）の徳島

　中生代の終わりごろ，このころ，大分勢力が衰えたとはいえ，世界の各地にはまだ恐竜たちが生息していました。

　この時代のことについて簡単にまとめておきましょう。「2. 吉野川以南」のところでふれるように，四国の南方の海底には太平洋プレートがあって，これが北上していました。正確にいうと，プレートは北東に向かって動いていたといったほうがよいかもしれません。このプレートは移動する間に，このプレートの上に堆積した堆積物や，火山活動によってできた火山岩などを，四国の南の縁に付加していました。

　この付加の現象は，中生代に始まったものではなく，遠く古生代のシルル紀のころから始まっているといわれていて，徳島県の山中には，シルル紀の地層が天然記念物として大切に保存されているところがあります。

　四国の南半分はこのような付加体によってできたといっても過言ではありません。徳島県の勝浦川から南の大部分はこのような付加体によって形成されています。

　さて，中生代最後の時代白亜紀には，四国山地は今のように急峻な地形はしていなかったと思われます。特に，四国山地の北の部分，三波川結晶片岩とよばれる変成岩からできている地帯は海水面の下にあったと思われます。というのは，これから述べる和泉層群（三波川変成帯の北側に，細長く東西に延びている地層）の中に三波川変成帯に由来する礫などがまったく含まれていないからです。

　中央構造線の北側の海底には，この構造線に沿って，東西方向の連なる細長い凹地ができていました。この凹地は幅が10〜30 km，東西方向の長さが600 kmはあったでしょうか。大阪府の和泉山脈付近から九州の南部にまで達していました（**図 III-1**）。

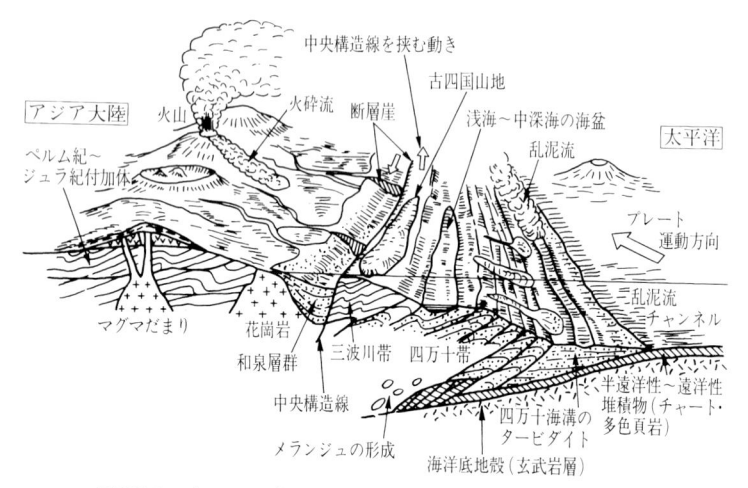

図 III-1 プレートの移動に伴って生じた四国・中国地方の地質構造
(平 朝彦，1990)

　凹地の北側の部分，いまの瀬戸内から中国山地にかけてはどうなっていたのでしょうか。結論だけいえば，この地域一帯には花こう岩でできた山地が広がっていました。この花こう岩は現在領家花こう岩とよばれているものです。この陸地は遠く中国大陸に続いていたと考えられ，したがって，このときには日本海はまだ存在しなかったようです。

　この陸地にはところどころに湖があったようで，この湖の中に地層が積もって陸成層をつくったところがあり，また，山地から流れてきた材が積もって炭田をつくったところもあったようです。

　そのほか，酸性の火山活動があり，火山灰を周辺の地域にまき散らしていたようです。

1-2　和泉層群の堆積

　話をもとに戻して，中央構造線の北側にできた凹地では，どんなことが起こっていたのでしょうか。

　前節で述べたように，この凹地は細長く，今の大阪府の南部から九州の南西部にまで達していました。相対的には東部ほど浅く，西部は深くなっていまし

1. 吉野川以北　183

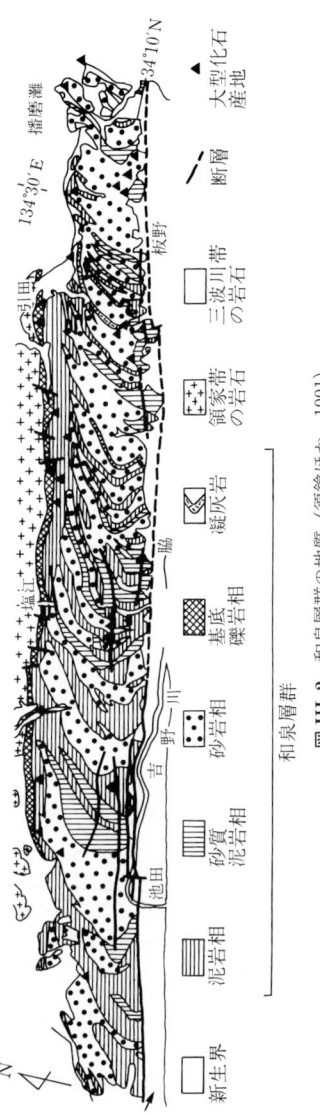

図 III-2　和泉層群の地質 (須鎗ほか, 1991)

た。

　この凹地の北部では，その北側にそびえる花こう岩の山々から土砂が運搬されてきて，その海底に堆積していました。一方この凹地の中部や南部では，つぎのようなことが起こっていました。

　凹地の東の端は大きな河口のようなところにあたっていたようで，そこには三角州が形成されていました。三角州の表面はまっ平らのように見えますが，その末端，海面下に没したところはかなりの急斜面になっていって，ちょっとしたショックでも斜面崩壊を起こすような条件を備えています。そのショックとは，例えば，大地震などがそれにあたります。大地震が起こると三角州の末端が崩れ，猛烈なスピードで海底面に沿って流れ下って，より深い海底に達し，土砂はそこに堆積します（**図 III-2**）。

　このようなことが何年かに1度の割合で起こり，厚い和泉層群ができあがっ

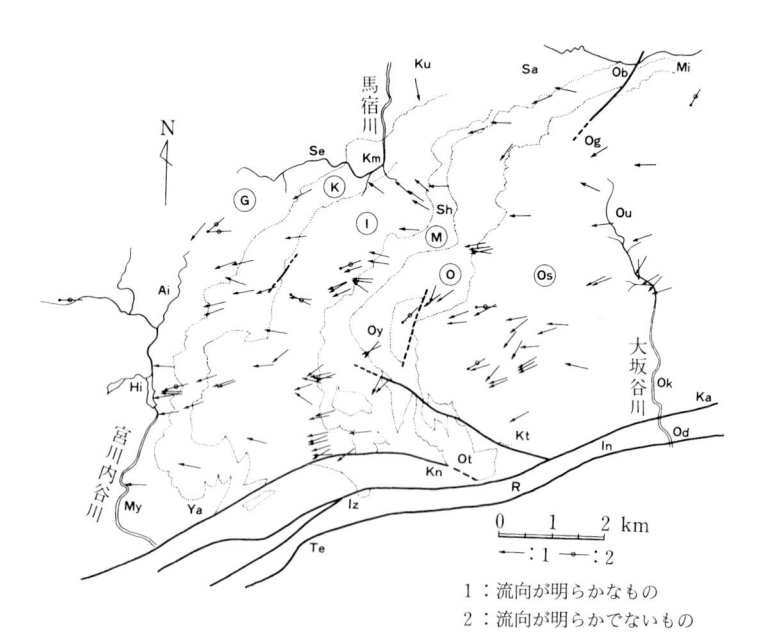

1：流向が明らかなもの
2：流向が明らかでないもの

図 III-3　阿讃山脈東部大坂谷川と宮川内谷川間にみられる流痕の分布とその流向
　　　　（森永・奥村，1988）

図 III-4 阿讃山脈を作る和泉層群（鳴門市島田島）

たのです。阿讃山脈をつくっている和泉層群の地層を見ると，砂岩と泥岩の大変リズミカルな地層でできていますが，こういったきれいな互層は，これが周期的な海底地滑りによって形成されたことを物語っています（**図 III-3，III-4**）。

海底地滑りによって深い底に運ばれた土砂はほぼ水平に堆積します。しかし，和泉層群をみると，大きくいって東に向かって傾斜しています。ということは，和泉層群が堆積した地域は西の部分からしだいに隆起するようになり，

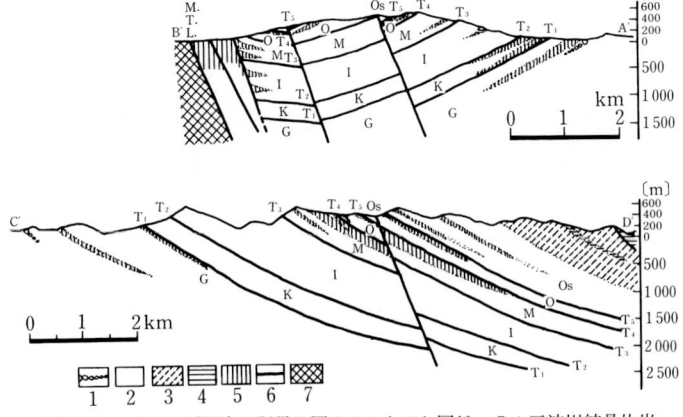

凡例の1～6および図中の記号は図2-1のものと同じ　7：三波川結晶片岩
図 III-5　図2-1中 A′-B′，C′-D′方向の地質断面（森永・奥村，1988）

地層は東に向かって傾くようになったのです。地層全体が東に向かって傾いているので，西部ほど和泉層群下部の地層が現れているということになります（**図 III-5**）。

　和泉層群をもう少し詳しく見ると，東西に細長く延びているこの和泉層の南部の部分は東北に傾いています。また，北部を見ると南東に傾いています。ということは和泉層群は東に向かって湾曲するような形で傾いているということになります。このような構造を向斜といいます。

　向斜の軸は中央構造線に平行して東西に延びています。向斜軸と構造線とが同一方向に向くのは偶然でしょうか。私は偶然ではなく，この向斜構造が中央構造線によって形成されたのではないかと考えています。

1-3　和泉層群の年代

　和泉層群からアンモナイト（**図 III-6**）やイノセラムス，トリゴニア，キララ貝などの二枚貝などを産出しますが，数は決して多いとはいえません。その中でも，北に広がる陸地から直接運搬されていき堆積した北部の地層の中には，比較的たくさんの化石が含まれています。

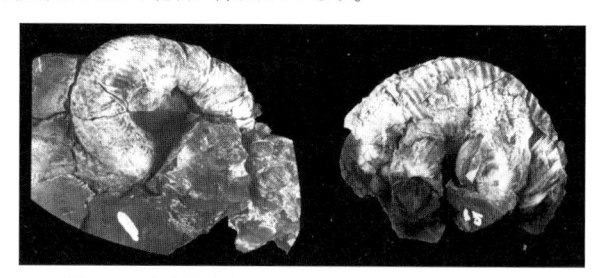

図 III-6　和泉層群産アンモナイトの仲間（橋本寿夫採集）

　これらの大型の貝化石などでは，和泉層群が堆積した時代を細かく特定することはできません。細かな時代の特定には，放散虫という 1 mm の 10 分の 1 以下の小さな化石を使います。放散虫による研究では，和泉層群は中生代白亜紀後期のカンパニアン（**表 III-1**）に堆積したと考えられています（**図 III-7**）。

　今の四国山地にも（当時は今のように高い山ではなかった，ことによると水面下にあったかもしれない）小規模ながら細長い凹地があってここに和泉層群

表 III-1　中生代白亜紀の細分

白亜紀	マーストリヒチアン	65.0(×100万年)
	カンパニアン	73
	サントニアン	83
	コニアシアン	87.5
	チューロニアン	88.5
	セノマニアン	91
	アルビアン	97.5
	アプチアン	113
	バレミアン	119
	ホーテリビアン	125
	バランギニアン	131
	ベリアシアン	138
		114

（数字は現代から数えた年数）

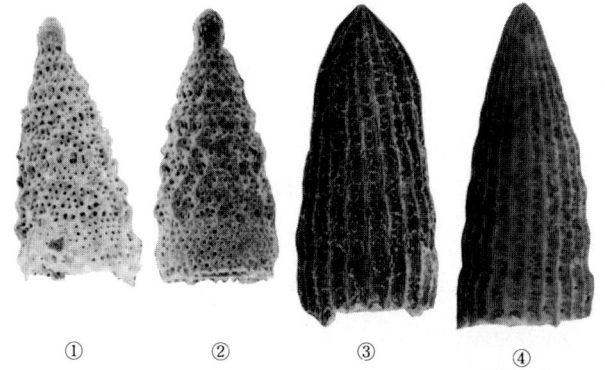

① アンフィピインダックス・ティロトゥス（*Amphipyndax tylotus* Foreman）
② アンフィピインダックス・シュードコヌルス（*Amphipyndax pseudoconulus* [Pessagno]）
③ ディクティオミトラ・ラメリコスタータ（*Dictyomitra lamellicostata* Foreman）
④ ディクティオミトラ・ムルティコスタータ（*Dictyomitra multicostata* Zitfel）
バーの長さ 100 μm

図 III-7　鳴門市大麻町樋殿谷，和泉層群産放散虫化石（橋本寿夫）

の堆積とほぼ同時代に地層が堆積していました。この地層は外和泉層群とよばれ，羽ノ浦からその北方地域に分布しています。

1-4 地史の空白時代

中生代の最後の時代，白亜紀の終わりがきて，世界の恐竜の時代は幕を閉じるわけですが，このときから，徳島県の地史の上では長いブランクの時代に入るのです。白亜紀の終わりから第四紀更新世の中ごろまでの間，徳島県にはなんの地質学上の証拠も残っていないのです。

多くの地質学者はこの時代，四国の大部分は陸地となっていたため，侵食だけが行われ，地層が堆積しなかったのだと考えています。白亜紀が終わって第四紀の中頃までの数千万年間，変動の激しい四国が一度も海におおわれたことがなかったというのはちょっと不思議に思うのですが，証拠がないのだから仕方がありません。

しかし，いろいろな事実から推定できることがあります。それはつぎの通りです。

① 四国山地と，その北側にあった花こう岩の山との間に堆積した和泉層群がしだいに大きな山脈へと形成されていったこと。
② 吉野川は一時，讃岐平野のほうに流れていっていたこと。
③ 中央構造線はほとんど絶え間なく活動を続けていたこと。

などです。

1-5 阿讃山脈南麓の地形と地質

さて，長い空白時代が終わって，今から100万年前ごろのことになると，いろいろなことが少しずつわかってくるようになります。

吉野川の流路の両側，特に北岸には吉野川がつくった河岸段丘や，阿讃山脈から流れ出る大小さまざまな河川によって形成された扇状地が多数見られるようになります。扇状地は阿讃山脈の侵食によって形成された多量の砕屑物をともなっています（図III-8，図III-9）。

阿波町にある特別天然記念物の土柱は，かつての扇状地堆積物が差別的な侵食を受けて形成された世界的にも大変珍しい地形であるといわれています。

100万年前の扇状地堆積物がこのように現存していることから，吉野川北岸

1. 吉野川以北　189

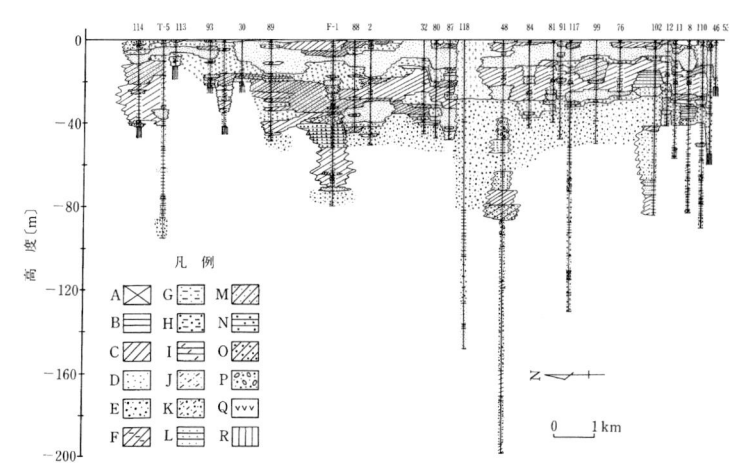

A：表土　B：粘土層　C：シルト層　D：砂層　E：砂礫層　F：粘土質シルト層
G：粘土質砂層　H：粘土質砂礫層　I：シルト質粘土層　J：シルト質砂層　K：シルト質砂礫層　L：砂質粘土層　M：砂質シルト層　N：礫質粘土層　O：礫質シルト層
P：玉石混じり砂礫層　Q：火山灰層　R：基盤岩層　　　向かって左が鳴門市寄り

図III-8　国道55号線に沿う地域の地層の断面図（横山・松濤・奥村, 1990）

図III-9　吉野川北岸に分布する厚い砂礫層

の扇状地の形成は少なくとも100万年前には始まっていたものと考えられます。しかし，もっと古い時代にできたかもしれません。扇状地堆積物の分類がまだそれほど進んでいないのが現状です。100万年前という数字は今後変わる可能性はおおいにあります。

　扇状地堆積物の中や，それらの扇状地堆積物を被って，九州やその周辺で噴火したときに吹き上げられた火山灰の層が発見させることがあるので，その火

190　III．徳島県地質のおいたち

山灰層を手がかりにして，扇状地が形成された時代を特定する研究が進められています。

当時，吉野川の一部がせき止められてできた小さな湖（水たまり）が存在していたようで，その水底に堆積した砂やシルトなどに混じって，吉野川周辺に生い茂っていた植物の葉や実などの化石が発見されたりすることがあります。

100万年ほど前の吉野川は，今よりもずっと高いところを流れていたようで，現在の河床よりも200m以上も高いところに旧河床の痕跡である河岸段丘堆積物が残っています。現河床よりも高いところに旧河床の痕跡があるということはこの地域が現在も隆起傾向にあることを物語っています。

1-6　厚い徳島平野地下の砂礫層

徳島市が発達している徳島平野には厚い砂礫層が堆積しています（図 III-10）。

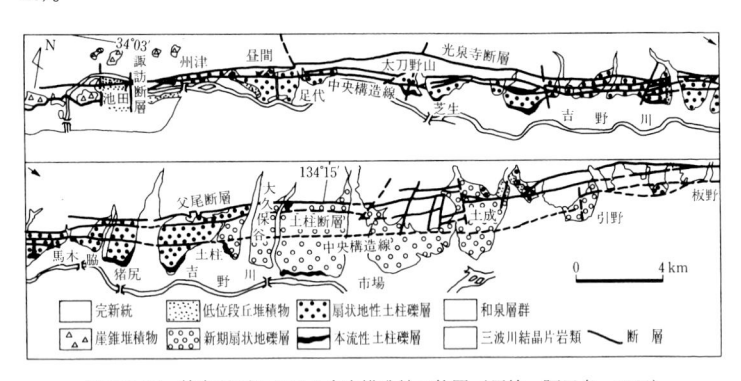

図 III-10　徳島県下における中央構造線の位置（須鎗・阿子島，1990）

この砂礫層のうち，地表から50mまでの部分を除いた砂礫層は第四紀の更新世という時代に堆積したものです。正確な厚さはまだわかってないのですが，少なくとも地表から300mくらいまでの深さのところまでは砂礫層でできていることが確認されているので，この砂礫層は少なくとも250m以上の厚さをもっていることは明らかです。

このように厚い砂礫層がどうしてできたのかということは地質学的にも，あるいは徳島市の防災の見地からも大きな問題なので，早急にその解明が待たれ

る問題です。

　250m以上もある厚い砂礫層の堆積の原因，それは今のところはっきりしていないのですが，私は中央構造線の活動がなんらかの影響を及ぼしていることは間違いないことだと思っています。

　この厚い砂礫層は陸成のものですから，大きな河川の河口のようなところに堆積したものと考えられるのですが，それがそうして250m以上の厚さをもつようになったのかということがうまく説明できません。海面が300m以上も下がり，その後，海面が高くなりながら礫層が堆積していったということになるのでしょうか。しかし，海面が300mも下がったというような話は聞いたことがありません。

　まったくの私見ですが，徳島平野の北の端を通っている中央構造線の活動によって，徳島平野は地下に引きずり込まれるような運動をしているのかもしれません。引きずり込まれる（沈降する）ことによってこの地域に砂礫層が順次堆積したのではないでしょうか。

1-7　第四紀—氷期の訪れ

　吉野川の両岸に河岸段丘や扇状地が形成されたころ，すなわち第四紀は，ヒトの出現とその発展した時代，氷期が周期的に訪れた時代であるといわれます。

　ヒトが吉野川の周辺に姿をみせるようになったのは，もちろんずっと後になってからのことです。このことについては本書では扱いませんが，氷期は徳島とも大変深い関係があるので少しふれておきましょう。

　氷期とは地球の平均気温が低下して，高緯度地方が厚い氷で被われるようになった時代のことです。氷河時代とよばれることもあります。海面から蒸発した水蒸気が高緯度地方の山に雪となって降ります。気温が低いためこの雪は氷となって陸地を覆い，溶けて海に帰ってくることはありません。そのため，海水は減り，海面はどんどん低下していきます。

　第四紀に，地球には5回の大きな氷期があったと考えられています。その最後の氷期は今から2万年前にその最盛期（最も寒い時代）を迎えました。日本あたりでは，この氷期による平均気温の低下はわずか数℃程度と考えられていますが，それでも，海面低下は100mを上回ったものと考えられています。

海面が100 m下がる，するとどんなことが起こるでしょうか。瀬戸内海は完全に干上がってしまうでしょう。徳島県の蒲生岬と和歌山県の田辺市を結ぶ線が海岸線になっていたと考えられます。吉野川は，淀川や紀の川などと合して，ここから海に注いでいたのです。

徳島付近の吉野川は，今より50 mも掘り下げたところを早瀬となって流れていたに違いありません。

今からおよそ1万年前，この氷期は終わりました（**図 III-11**）。この時期を境に気温は急激に上昇していきます。わが国の縄文時代の始まりが，氷期の終末の時期と一致しているのですが，文化の発達は気候と大きなかかわりをもっているということを示しています。

さて，氷期が終わり，海面が急速に上昇してくると，海は氷期に掘り込まれ

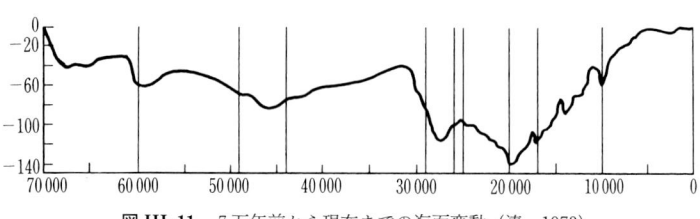

図 III-11 7万年前から現在までの海面変動（湊，1973）

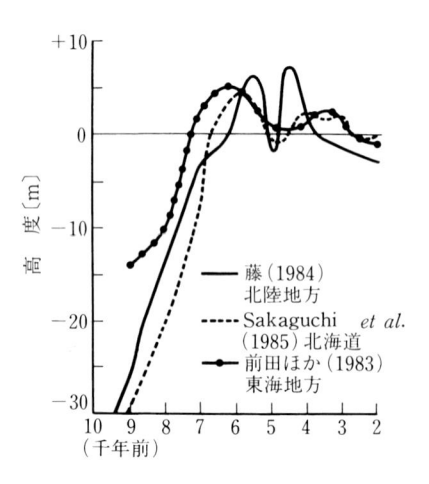

図 III-12 日本列島各地の完新世の海面変動曲線（安田，1990）

た川の流路に沿って陸地内部へ深く入り込んできました。いまの吉野川の河口に開けた低地は満々と海水をたたえる大きな入り江に早変わりしたのです。地球の平均温が一番高くなったのは今から5 000〜6 000年前，すなわち縄文中期にあたっています。したがって，このときの海進を縄文海進とよびます（**図 III-12**）。

縄文時代にできた貝塚が吉野川に沿ってかなり上流にまで見られることや，吉野川に沿った低地でボーリングをすると，コアには必ず貝殻の破片を含んでいますが，このことは縄文時代の中期に，吉野川の低地は広い範囲にわたって海におおわれたことを物語っています。徳島市付近の50 mより浅いところに堆積している砂礫層は縄文海進によって形成されたものなのです。

1-8 ま と め

徳島県の各地でみられる地層を総合して，徳島県の生い立ちを簡単にまとめてみました。

地層や岩石，それらはいつも私たちの身近にあるものなのですが，私たちはあまり魅力を感じないまま見過ごしてしまうことが多いのです。しかし，それを調べてみると，4億年から現在までの県土の発達の歴史がいま述べたように解明されてくるのです。

引用・参考文献

1. 平　朝彦（1990）：日本列島の誕生，岩波新書，p. 226
2. 須鎗和巳ほか（1991）：和泉帯，四国地方　日本の地質8，共立出版，pp. 266
3. 森永　宏・奥村　清（1988）：阿讃山脈東部板野―引田地域の和泉層群，地学雑誌，97巻7号，pp. 672-683
4. 横山達也・松濤　聡・奥村　清（1990）：徳島平野の沖積層の形成過程，地学雑誌，99巻6号，pp. 775〜789
5. 須鎗和巳・阿子島功（1990）：阿讃山地南麓・北麓の鮮新〜更新統，徳島大学教養部紀要（自然科学），23巻，pp. 21-31
6. 湊　正雄（1973）：地層学第2版，岩波書店，p. 396
7. 安田喜憲（1990）：気候と文明の盛衰，朝倉書店 p. 358

（奥村　清）

2. 吉野川以南

　吉野川以南に分布する地質帯は北から，三波川帯，御荷鉾緑色岩類，秩父帯，黒瀬川帯，四万十帯です（**図 III-13**）。東西方向に同じ地層が分布する帯状配列をしています。これらの地層は基本的にアジア大陸の東縁部の沈み込み帯で形成された付加体です。以下，付加体の基本的な構造について概説し，各地質帯の構成岩類の特徴と形成年代について述べます。

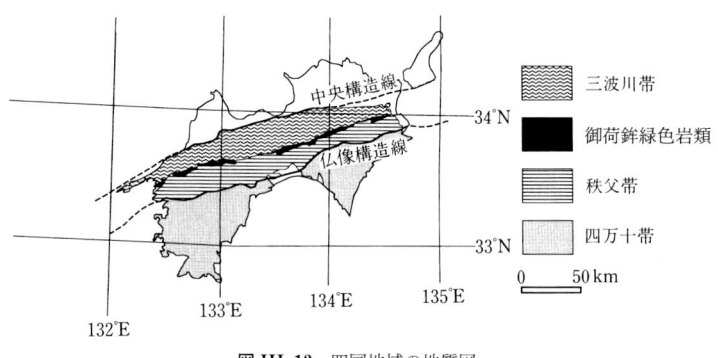

図 III-13　四国地域の地質図

2-1　付加体の基本的な概念

　日本列島は，大陸プレートと海洋プレートがぶつかりあう場所に位置しています。日本列島を構成している骨組みの物質（基盤とよびます）は，大陸から運ばれてくる物質と海洋プレートによって運ばれてくる物質が，大陸プレートと海洋プレートの境界にあたる海溝部分においてさまざまな割合で混ざり合い，それがプレートの沈み込みに伴って大陸側に付け加わることによってできる付加体です。

　大陸から運ばれてくる物質は，それを構成する大陸地殻の岩石が風化侵食を受けてできた砕屑粒子で，これらが河川や海中の水流によって海溝部まで運搬され堆積し，砂岩や泥岩が形成されます。

　一方，海洋プレートによって運ばれてくる岩石は，中央海嶺において形成さ

れた太洋底を構成する玄武岩質の岩石，その後にプレート内部の火山活動でできた海山の岩石，そして海溝に到達するまでに海底に堆積したチャートや石灰岩です。沈み込みに伴い，海洋プレートの上にあった岩石の一部が付加体の中に取り込まれます。したがって付加体の中にはさまざまな場所でいろいろな年代でできた物質が見られることになります。

2-2 海洋プレートの一生

海洋プレートは中央海嶺において生まれ，海溝に沈み込んでその一生を終えます（**図 III-14**）。現在の太平洋では，東端に位置する東太平洋海膨において火山活動が起こっていて，それとともに新しい海洋プレートが生産されています。一方現在の日本海溝に東側から沈み込んでいる海洋プレートは，白亜紀（約6500万年～1億5000万年前）に太平洋の中央海嶺において生まれたものです。中学校などで使用する地図帳には海底地形図がのっていることがありますが，海底の深さをこの地形図で見てみましょう。海山の部分を除くと中央海嶺で最も浅く（およそ2000m），そこから離れるにつれて深くなっているのがわかります。これはプレートの冷却によるものです。

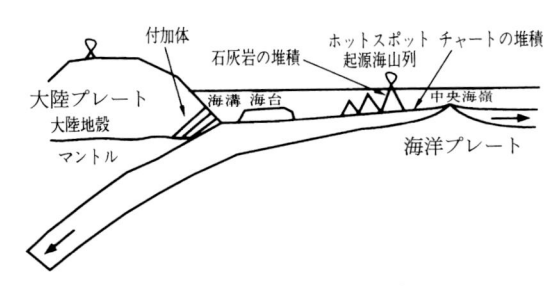

図 III-14 海洋プレートの一生

海洋プレートの一生は中央海嶺から始まります。中央海嶺においてはプレートが左右に引っ張られてできたすき間を埋めるようにマントル物質が上昇します。この上昇に伴いマントル物質が部分融解し，玄武岩質のマグマが生成し，厚さ約6kmの海洋地殻が形成されます。海洋地殻の浅い部分は，海底に噴出した玄武岩の溶岩から構成されます。やや深い部分は岩脈，さらに深い部分は，斑れい岩から構成されています。

大陸から遠く離れた場所では，大陸が削られてできる陸源の砕屑物がほとんど供給されないため，海洋の表層に生息する生物の遺骸のみからなるような，遠洋性堆積物が海洋プレートの上に堆積します。チャートは，放散虫の遺骸が海底に堆積してできたもので，このような遠洋性堆積物が固結してできた岩石です。

またプレート運動と無関係に，高温の物質が地球深部からつねに定点に湧き出してくることがあります。この場所をホットスポットとよびますが，それに伴って火山活動が起こります。その代表例としては現在のハワイ諸島—天皇海山列を形づくった活動があげられます。過去の海洋においてもホットスポットの活動に伴いハワイ—天皇海山列のような海山列が形成されていたと考えられます。火山島の周囲には珊瑚礁ができます。珊瑚礁や珊瑚礁起源の砕屑粒子が堆積すると石灰岩ができることになります。やがて火山活動が終わると冷えて地殻が重くなり，火山島は海面下に水没します。

海溝にさしかかると，大陸起源の砕屑粒子の堆積が始まります。大陸から運ばれてくる物質は，それを構成する大陸地殻の岩石が風化侵食を受けてできた砕屑粒子で，風化に強い石英を主とし斜長石，カリ長石，岩片などから構成されます。また沈み込み帯において火山活動が活発な時期においては火山性の砕屑粒子も多く供給されます。これらの砕屑粒子が河川や海中の水流によって海溝部まで運搬され堆積し，砂岩や泥岩が形成されます。

このような中央海嶺から海溝へと至る間に海洋プレート上に形成された地層の積み重なりをまとめたものを海洋プレート層序とよび，**図 III-15** のように表されます。海洋プレート上の地層は，地質学の基本的な原理である地層累重

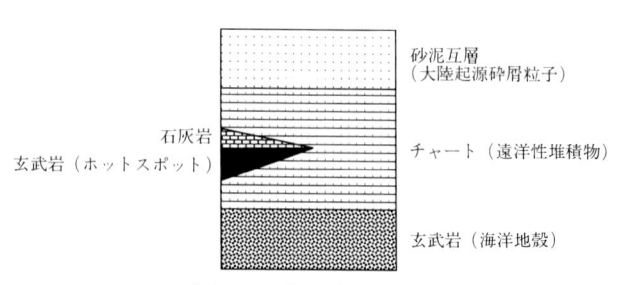

図 III-15　海洋プレート層序

の法則に従って積み重なっていて，時代は下のものほど古いことになります。

2-3 付加体の形成

海溝において海洋プレートは大陸プレートの下に沈み込んでいきます。このときに海洋プレートの上にのっている地層はどうなるのでしょうか？

東京大学の平朝彦教授のグループは四国室戸沖の南海トラフにおいて人工地震波による調査を行い，その構造を検討しました（**図III-16**）。その結果付加体の構造についての重要な情報が得られました。南海トラフにおいては海洋地殻の上に厚く1km程度の堆積物が積み重なっています。その堆積物がプレートの沈み込みに伴って陸側に押し付けられ，上部の地層が海洋プレートからはぎとられていました。はぎとられた地層は上下を陸側に傾斜した断層で区切られたブロックに分かれ，より古くはぎとられたブロックが陸側にあり，新しいブロックの上にのっていました。

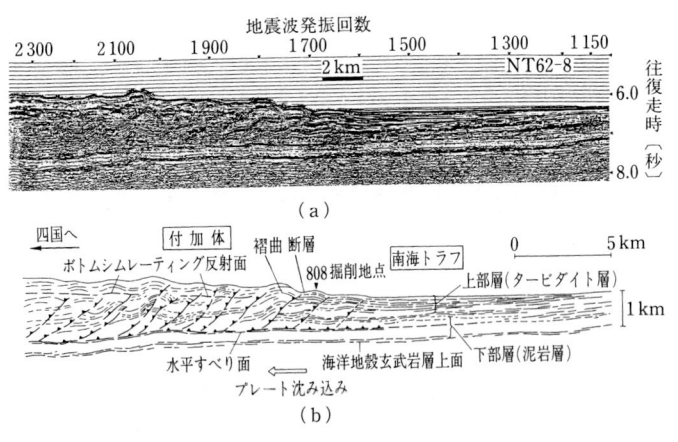

図III-16 室戸沖南海トラフの反射人工地震波断面(a)とその解釈(b)
（平　朝彦，1990）

2-4 付加体から得られる年代

付加体中には海洋プレートができてから海溝へ沈み込む間に形成したさまざ

まな物質があることがわかりました。海洋プレートの平均的な寿命は1億年といわれていますから，堆積岩の中に含まれる化石を調べたり，火成岩の放射性年代を測定したりしてその年代を調べるとさまざまな年代が得られることになります。海洋プレート層序に従って，中央海嶺でできた火成岩の年代が最も古く，そのつぎにその上に堆積した遠洋性堆積物の年代，ホットスポット起源の火成岩の年代，海山に伴う礁性石灰岩の年代，そして陸源砕屑物の年代の順に若くなっていくことになります。

　付加体の形成年代が，四国に分布する地質帯でどのようになっているか見てみましょう。付加体の形成年代は，陸源性砕屑物の年代から求めます。厳密にはこの年代は付加体の形成年代とは等しくないのですが，付加直前の年代を示すことが期待されます。大陸プレートに付加して形成された付加体の形成年代を調べると，海溝から見てより内陸側に古い付加体が基本的に分布しています。図Ⅲ-13 に示されているとおり，四国地方では最も新しい付加体は白亜紀〜第三紀に付加した四万十帯でこれが最も南に分布しており，その一つ前の時代ジュラ紀に付加した秩父帯がそれより北側に分布しています。秩父帯の北に分布する三波川帯や御荷鉾緑色岩類はジュラ紀〜白亜紀に付加した付加体ですが，変成帯の上昇により，付加体のもともとの構造を改変して地上に露出し，現在の構造ができていると考えられています。

2-5　徳島県の吉野川以南地域で見られる地質帯の構成岩類の特徴と形成年代

（1）　三 波 川 帯

　三波川帯は，西南日本外帯に関東山地から九州東部まで約 800 km にわたって分布する変成帯です。変成作用は低温高圧型に分類されています。徳島県では三波川帯は徳島市〜三好郡山城町にかけて分布し南北幅は最大 30 km です。

　三波川帯を構成する岩石は，泥質片岩・砂質片岩・塩基性片岩を主体とし，一部にけい質片岩・礫質片岩・緑れん石角閃岩や蛇紋岩のテクトニックブロックが見られます。大生院層は主として泥質片岩からなり一部に塩基性片岩・けい質片岩を含み，また蛇紋岩のテクトニックブロックを含みます。三波川帯はナップとよばれる板状の地質体が断層を境に重なったものと考えられています。

年代

原岩の年代は三波川帯中に見られる石灰質片岩より発見されたコノドントによって決定され,三畳紀中期～後期の年代が出されています。ただ石灰質片岩は海洋プレートが海溝付近に到達する前に堆積したことが考えられ,付加体形成の年代はもっと若いことが推定されます。

変成作用の年代は放射年代の測定により明らかになっていて,そのピークは75～100 Ma と考えられています。

(2) 御荷鉾緑色岩類

御荷鉾緑色岩類は,四国では,南北幅5km,東西延長 数十kmの東西に伸びたレンズ状の形態をとって分布しています。徳島県では佐那河内～神山周辺と剣山～東祖谷山村で観察されます。北側に分布する三波川帯との関係は断層関係,南側に分布する秩父帯との関係も断層関係と考えられています。

徳島県の御荷鉾緑色岩類は主として玄武岩から構成されています。御荷鉾緑色岩類は三波川変成作用を受けていて,緑色片岩相の温度で大なり小なり再結晶をして,もともと玄武岩であった岩石には,緑色の緑泥石・アクチノ閃石などが生成しています。このために岩石が緑色を特徴的に示し,"緑色岩"とよばれます。

主構成物である玄武岩は,発泡した火山ガラスと火山岩片が堆積したハイアロクラスタイトと,塊状の溶岩からなり,一部に枕状溶岩も見られます。また岩脈や比較的ゆっくりと固結した斑れい岩,かんらん岩も少量見られます。これらの岩石は,海洋プレートの地殻を構成していた岩石です。そして陸地から遠く離れた海底に堆積した遠洋性堆積物であるチャートや,海山のまわりに堆積したと考えられる石灰岩も少量見られます。

年代

御荷鉾緑色岩類中に含まれる石灰岩やチャート中からはコノドントや放散虫が発見されています。コノドントの年代は石炭紀～三畳紀,放散虫の年代は三畳紀～ジュラ紀前期以新です。特に御荷鉾緑色岩類中に含まれる捕獲岩のチャートからはジュラ紀前期以新の年代を示す放散虫が発見されています。

放射性年代では,四国東部地域の御荷鉾緑色岩類に含まれる角閃石から,約1億4000万年～1億9000万年という白亜紀からジュラ紀前期に及ぶ年代が報告されています。

（3）秩　父　帯

　四国地方の秩父帯は南北幅最大約24km，東西約220kmにわたり分布しています。徳島県では小松島市・阿南市〜木沢村・木頭村（きとう）にかけて分布しています。秩父帯はさらに秩父帯北帯，黒瀬川帯，秩父帯南帯に分けられます。

秩父北帯・南帯

　秩父北帯・秩父南帯は付加体です。基本的に大陸起源の砕屑岩が基質となり，その中にスケールが露頭規模からキロメートル規模に及ぶブロックが含まれています。ブロックを構成するのは海洋プレート層序をつくっていた塩基性火成岩，チャート，石灰岩です。

秩父北帯・南帯の年代

　付加体の構造を反映して砕屑岩の基質の年代が若く，ブロックの年代が古いというデータが出ています。石灰岩の化石からは石炭紀，ペルム紀，三畳紀の化石年代が，またチャートからは石炭紀，ペルム紀，三畳紀/ジュラ紀の化石年代が報告されています。基質の砕屑岩からは一部においてペルム紀，大部分の地域からジュラ紀の化石年代が報告されています。したがって秩父帯北帯・秩父南帯は石炭紀かそれ以前に形成された海洋プレートが大陸縁辺部にペルム紀からジュラ紀に付加して形成されたものであることがわかります。

黒瀬川帯

　黒瀬川帯は4億年の年代をもつ火成岩・変成岩および非〜弱変成のシルル〜デボン紀の地層と蛇紋岩から構成されている日本列島で現在見られる岩体/地層の中で最も古い地質体です。秩父帯中に東西方向のレンズ状の岩体として分布しています。徳島県においては勝浦町辷（すべりだに）谷および木沢村坂州-沢谷地域に分布しています。

　黒瀬川帯の火成岩は三滝火成岩類とよばれ，主として花こう岩類から構成されています。岩石名としては黒雲母花こう岩，白雲母花こう岩などです。変成岩は，寺野変成岩類とよばれるざくろ石黒雲母片麻岩，けい線石黒雲母片麻岩（くろうんもへんまがん）などの高温タイプに属する変成岩と，蛇紋岩中のブロックとして産するローソン石藍閃片岩（らんせんへんがん）などの高圧変成岩とがあります。シルル〜デボン紀の地層は石灰岩・火砕岩から構成されています。

　黒瀬川構造帯の地層からはサンゴ，三葉虫などの化石が発見されていて，シルル紀〜デボン紀の年代が得られています。放射年代は，三滝火成岩の年代と

して378〜430 Ma，寺野変成岩の年代として350〜400 Ma，蛇紋岩に伴われる高圧タイプの変成岩は317〜327 Ma，208〜240 Maという年代が報告されています。

（4） 四万十帯

海溝付近で形成された付加体です。主として陸源の砕屑物が乱泥流によって堆積したタービダイトで構成され，岩石としては砂岩，泥岩です。その中に海洋プレートから持ち込まれたチャート，石灰岩，玄武岩質火成岩がブロック状に分布しています。四万十帯は秩父帯と仏像構造線とよばれる断層で接し四国の南部に分布しています。四国の四万十帯は南帯と北帯に区分され，四国東部では安芸構造線がその境界にあたります。

四万十北帯

付加体中のブロックを構成している石灰岩の化石年代は三畳紀〜ジュラ紀，チャートの化石年代は三畳紀〜ジュラ紀を示し，付加体のマトリックスを構成している砂岩・泥岩から得られる化石年代は白亜紀後期です。したがって付加は白亜紀後期に起きたと考えられます。

四万十南帯

徳島県内に分布しているのは室戸半島層群です。砂岩と泥岩の互層からなる乱泥流堆積物がおもで，一部に凝灰岩が分布しています。室戸半島層群の年代は微化石から得られ，始新世〜漸新世です。

引用・参考文献

1. 平　朝彦 (1990)：日本列島の誕生，岩波書店

（小澤　大成）

3. 用 語 の 説 明

　この編で基本的な用語は説明しましたがこの本文中には難しい地学用語もいくつか出てきます。以下はその概説です。参考図書を最後に載せていますから，詳しいことが知りたい人はそちらを参考にしてください。
〔地形関係〕
V字谷
　横断面がV字型をした谷のこと。谷の側より谷底のほうが侵食が著しい河川がつくった谷底の狭い谷のこと。

扇状地
　川が山から平野に出てくると運搬力が急速に衰える。そのため川は運んできた砂や礫を山から平野に出たところに堆積し，扇型の地形ができる。

河岸段丘
　河の両岸にできた階段状の地形をいう。土地が隆起することによりできる。

海岸段丘
　海岸に沿ってできた階段状の地形をいう。土地の隆起や海面の低下などでもできる。

海食洞
　海水の運動すなわち波浪・潮流その他による陸地の侵食を海食という。海食洞は海食によって海岸につくられた洞穴のこと。

海水準変動
　気候変化に伴って大陸氷河が消長し，それによって引き起こされる世界的な海面の高さの変動のこと。寒くなると海の水は氷や雪となり氷河となり陸地に残り海面が低下する。逆に暖かくなると大陸の氷河は溶け海に流れ込み海面が上昇する。

縄文海進
　今から約6000年前の縄文時代中期は暖かく海が陸地に入り込んできた。この時期の海進のことで現在の海面より約2〜3m高かったと考えられている。

3. 用語の説明

〔地層関係〕

互　層

岩質の違う単層が交互に繰り返し重なりあった地層。砂岩層と泥岩層の繰り返しが砂泥互層。

混濁流

地震などによって海底で地滑りが起きると堆積している泥や砂を巻き込んだ密度が高い海水ができ，海底斜面を流れ下る。このような流れのことをいう。密度が高いので砂や礫の岩塊を浮かして高速で遠くまで運ぶことができる。供給源より 1 000 km も物質が運ばれることもある。1929 年に起きた海底ケーブルの切断はよく知られている。

海底扇状地

海底にできる扇状の堆積地形。深海底の海底扇状地は混濁流による運搬・堆積作用でできる。扇状地の上部や流路には陸から運ばれた粗い堆積物が，海底自然堤防の外側には細かな粒の堆積物がみられる（**図 III-17**）。

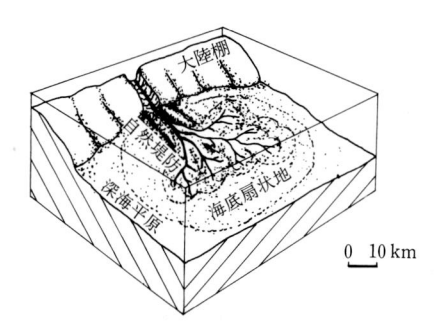

大陸斜面の麓でできた海底扇状地。縦は強調して描いている
図 III-17　海底扇状地の例（英国オープン大学編，1998 を参考）

乱泥流堆積物（タービダイト）

混濁流によって運搬され堆積してできた堆積物のこと。

スランプ

未固結または半固結の堆積物が水底の斜面をすべり落ちる作用のこと。

底痕（ソールマーク）

砂岩層の下の面にみられる堆積構造の痕跡のこと。もともとは水底の泥層表

面にできた堆積構造の鋳型。生物が生活して残した生痕と水流の流れによってできた流痕と堆積直後にできた荷重痕がある。生痕からは堆積時の生物の様子や環境の復元に，流痕からは水流の方向や海底斜面の解析に役立つ。

漣痕（リップルマーク）

水流や風などによってできる水底の砂や砂丘にできる小さな峰と谷からできた小さな地形のこと。堆積時の水流や風の様子や砂の粒度の違いによってさまざまな模様ができる。漣痕は底痕とは逆に地層では上面にみられる。

フルートマーク

水流の侵食作用による海底の泥のえぐり跡のこと。

荷重痕

泥層の上に砂層が堆積したとき砂層の重みで砂が泥層の中にめり込んでできる。

生痕化石

地層や化石に残された古生物の生活の跡。足跡，巣穴，排泄物，卵，胃石などが含まれる。

プレートテクトニクス

地球の表層部はいくつかのプレート（硬い板）に分かれており，それらがほとんど変形することなく水平運動しているという考えに基づく理論のこと。

海洋プレート

海洋底を形成しているプレート。中央海嶺で生まれ海溝で沈み込み消滅する。

海洋プレート層序

海洋プレートの表面には海洋プレートが中央海嶺から海溝に向かって移動す

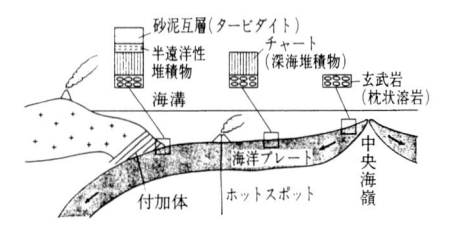

図III-18　海洋プレート層序（丸山，1993）

るに従って枕状溶岩の上に，礁性石灰岩，深海性の層状チャート，遠洋性泥岩〜半遠洋性の泥岩が順に堆積する。海溝付近では陸から砂泥互層が堆積する。海洋プレートに見られるこのような地層の重なりをいう（**図 III-18**）。

スラブ

沈み込んだプレートのこと（**図 III-19**）。

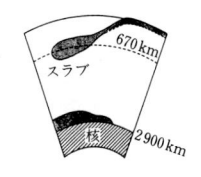

図 III-19 沈み込んだプレートの行方
東北日本型（丸山，1993）

付加コンプレックス

プレートの沈み込みに伴う付加作用でできた地質体のこと。海洋プレート層序やのデュープレックス構造（覆瓦構造の一種）を保存していることがある。秩父帯はジュラ紀，四万十帯は白亜紀〜第三紀の付加コンプレックスである。

付加体

プレートが海溝で沈み込む際にプレートにたまっていた物質が大陸プレートの縁にはりついていく。このようにしてできた物質を付加体という。付加体には海洋プレートから運ばれてきた海山をつくる枕状溶岩，礁性石灰岩，深海底の層状チャート，遠洋性から半遠洋性泥岩，陸から運ばれてきた砂岩・泥岩互層が混在した産状（メランジュ）をしている。

オリストストローム

ふつう地層は下ほど古い地層が堆積してできているが海底地滑りなどが起きると下位の古い地層と上位の新しい増層が混じったり別の場所に運ばれ堆積することがある。その結果時代が異なる岩塊が混在した堆積物ができる。このような堆積物をオリストストロームという。泥質の堆積物の基質中に含まれる岩塊をオリストリスという。

メランジュ

さまざまな種類の岩石が複雑に入り混ざった地質体のこと。1：24 000 かそれよりも小さいスケールの地図上に描ける大きさで地層として連続性はなく，細粒の基質のなかにさまざまな種類大きさの岩塊を含む地質体のこと。成因が明らかな場合は構造運動できたテクトニックメランジュ，堆積作用でできた堆

活断層

四紀になって動いた断層で採来も動く可能性のある断層のこと。

覆瓦（ふくが）構造

同方向に傾斜した衝上断層により地層が帯状に細分化され，それぞれの地塊が屋根瓦を重ねたように一方向に押しかぶせている構造をいう（図 III-20）。

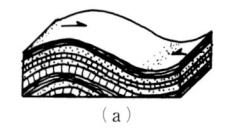

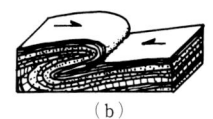

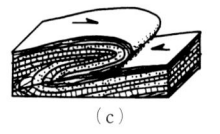

図 III-20 覆 瓦 構 造

衝上（しょうじょう）断層

逆断層のうち断層面の角度が45度以下になっている断層のこと。

〔岩石関係〕

基　質

岩石中で径の大きな鉱物と鉱物の間隙がそれよりはるかに小さな粒の鉱物で埋められているとき後者を基質（マトリックス）という。

斑晶（はんしょう）

火成岩で見られる大きな結晶のこと。地下でゆっくり冷えて結晶が成長した。

石基（せっき）

斑晶の間をうめた小さな結晶のこと。急に冷やされたガラスと細かな結晶からなる。

長　石

たいていの火成岩に含まれている鉱物でカルシウムをほとんど含まないアルカリ長石とカルシウムを含む斜長石に分けられる。正長石（カリ長石）はアルカリ長石に属し，曹長石は斜長石に属する。

枕状（まくらじょう）溶岩

水中に溶岩が流れ出すと水と接した部分がすぐ冷やされて楕円または丸みを帯びた枕のようなかたまりになる。このような形をした溶岩をいう。

完晶質・等粒状組織

同じような大きさの鉱物からなり,火山岩のような石基の部分の見られない組織のこと。

半晶質・斑状組織

火山岩に見られる石基と斑晶からできた組織のこと。

ハイアロクラスタイト

玄武岩質の溶岩が水中を流れるとき,水と接触すると表面が急に冷され表面が収縮してこわれる。この破片が集まってできた岩石。

ポイキリチック組織

無数の各種鉱物粒が不規則にほかの鉱物の大きな結晶中に含まれている火山岩の組織のこと。

緑色岩

海底火山活動によってできた玄武岩質の溶岩が変成してできた緑色をした硬い岩石。御荷鉾帯に多くみられる。

緑泥石片岩

緑泥石からできた軟らかい結晶片岩でつめで傷がつく。

緑色片岩

低変成度の塩基性片岩のこと。

塩基性片岩

玄武岩,斑れい岩などが変成を受けてできた岩石

蛇紋岩

三波川帯,黒瀬川構造帯,秩父帯でよく見かける岩石。表面はつるつるしている。新鮮な部分は黒〜暗緑色。かんらん岩が水と反応変質してできる。蛇紋岩の名称はある種の蛇紋岩が蛇の皮膚のように見えたためつけられた。アスベストやタルクに変わる場合もある。加熱され肥料の原料にもなる。蛇紋岩の露出地は地滑りを起こしやすい。

岩　脈

マグマが地層を切って冷え固まった岩体で直立している。

鉱　床

地殻の中に特定の鉱物が密に集まっている部分のこと。

キースラーガー（層状含銅硫化鉄鉱鉱床）

黄鉄鉱・磁鉄鉱や黄銅鉱を混じえた層状の鉱床をいう。別子型鉱床ともいう。

ドレライト

カルシウムに富む斜長石，輝石を主とする中粒の完晶質火成岩のこと。

点紋帯

結晶片岩中に肉眼で確認できる大きさの曹長石の斑晶が出現する地域。三波川帯では中〜高圧の変成部と一致する。

無点紋帯

結晶片岩中に曹長石の斑晶が認められない地域。

引用・参考文献

1. 英国オープン大学編（1998）：海洋堆積学の基礎，愛智出版，p.129
2. 岩崎正夫（1990）：徳島県地学図鑑，徳島新聞社，p.319
3. 益富壽之助（1987）：全改訂新版　原色岩石図鑑，保育社，p.383
4. 丸山茂徳（1993）：46億年間地球は何をしてきたか？，岩波書店，p.134
5. 奥村　清編（1997）：地学の調べ方，コロナ社，p.227
6. 大久保雅弘・藤田至則（1984）：地学ハンドブック，築地書館，p.233
7. 地学団体研究会編（1996）：新版　地学事典，平凡社，p.1446

（橋本　寿夫）

| 編者の了解に |
| より検印省略 |

2001年7月16日　初版第1刷発行

徳島県　地学のガイド

監 修 者	奥　　村　　　　清
	神奈川県中郡二宮町山西
	1025
編　　者	徳島県地学のガイド
	編　集　委　員　会
発 行 者	株式会社　コロナ社
	代表者　牛来辰巳
印 刷 所	新日本印刷株式会社

112-0011　東京都文京区千石 4-46-10

発行所　株式
　　　　会社　コ ロ ナ 社

CORONA PUBLISHING CO., LTD.

Tokyo　Japan

振替 00140-8-14844・電話　(03)3941-3131(代)

ホームページ http://www.coronasha.co.jp

ISBN 4-339-07525-6　　　　　（製本：愛千製本所）

Printed in Japan

無断複写・転載を禁ずる

落丁・乱丁本はお取替えいたします
©徳島県地学のガイド編集委員会　2001

地学のガイドシリーズ

(各巻B6判)

	配本順			頁	本体価格
0.	(5回)	地学の調べ方	奥村　清編	288	2200円
1.	(15回)	改訂神奈川県 地学のガイド	奥村　清編	282	2200円
2.	(27回)	新・千葉県 地学のガイド	浅賀正義編	336	2700円
3.	(3回)	茨城県 地学のガイド	蜂須紀夫編	310	2400円
4.	(26回)	新版埼玉県 地学のガイド	県地学教育研究会編	308	2500円
5.	(6回)	愛知県 地学のガイド	庄子士郎編	改訂中	
6.	(7回)	長野県 地学のガイド	降旗和夫編	改訂中	
7.	(8回)	広島県 地学のガイド	編集委員会編	品切	
8.	(9回)	宮崎県 地学のガイド	県高校教育研編	196	1600円
9.	(10回)	三重県 地学のガイド	磯部　克編	258	2200円
10.	(11回)	香川県 地学のガイド	森合重仁編	230	2000円
11.	(12回)	岡山県 地学のガイド	野瀬重人編	260	2200円
12.	(13回)	滋賀県 地学のガイド	県高校理科教育研	改訂中	
13.	(29回)	新版東京都 地学のガイド	編集委員会編	288	2600円
14.	(16回)	続千葉県 地学のガイド	編集委員会編	300	2200円
15.	(17回)	山口県 地学のガイド	山口地学会編	324	2400円
16.	(18回)	福島県 地学のガイド	編集委員会編	268	2000円
17.	(19回)	秋田県 地学のガイド	宮城一男著	178	1600円
18.	(20回)	愛媛県 地学のガイド	永井浩三編	160	1300円
19.	(21回)	山梨県 地学のガイド	田中　収著	改訂中	
20.	(22回)	新潟県 地学のガイド(上)	天野和孝編著	268	2200円
21.	(28回)	新潟県 地学のガイド(下)	天野和孝編	252	2200円
22.	(23回)	鹿児島県 地学のガイド(上)	鹿児島県地学会編	192	1900円
23.	(24回)	鹿児島県 地学のガイド(下)	鹿児島県地学会編	162	1800円
24.	(25回)	静岡県 地学のガイド	茨木雅子編	190	2000円
25.	(30回)	徳島県 地学のガイド	編集委員会編	216	1900円

以下続刊

青森県　地学のガイド　　福岡県　地学のガイド　　高知県　地学のガイド

定価は本体価格+税です。
定価は変更されることがありますのでご了承下さい。

図書目録進呈◆

徳島県の地質図

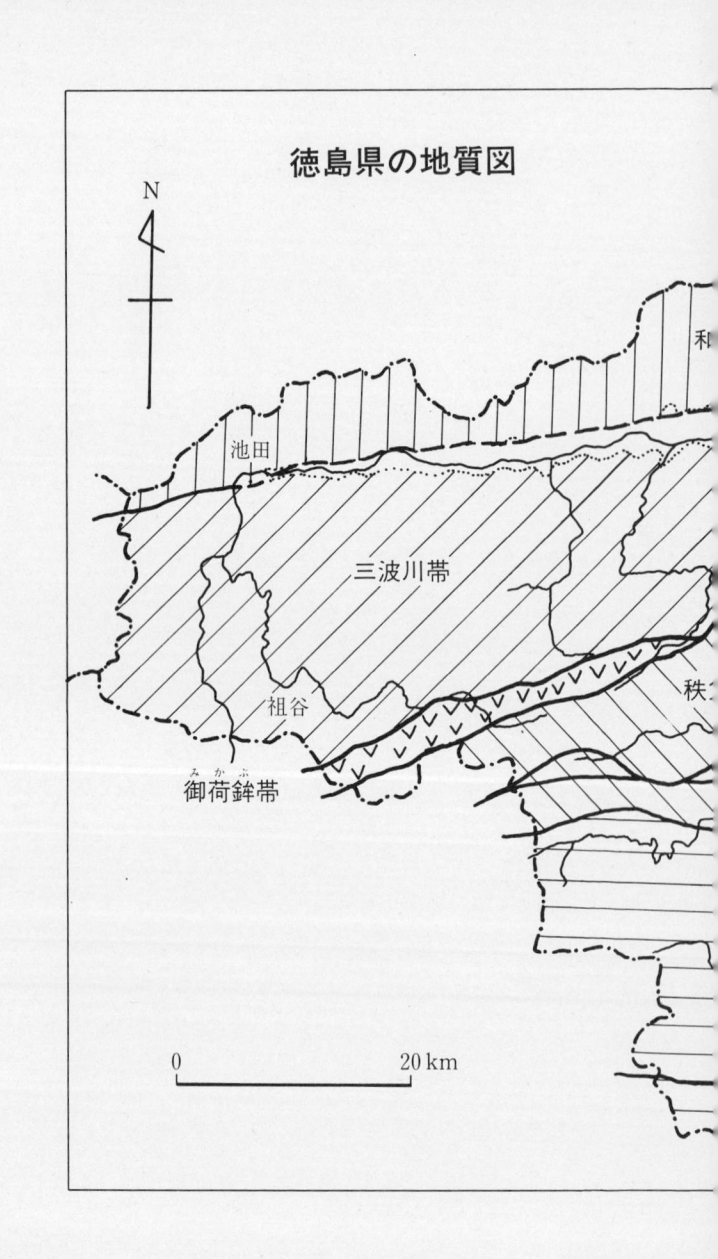

N

池田

三波川帯

祖谷

御荷鉾帯

利

秩

0 20 km